JN002189

プロダクトデザインのための製図
DRAWING FOR PRODUCT DESIGN

清水吉治・川崎晃義 著

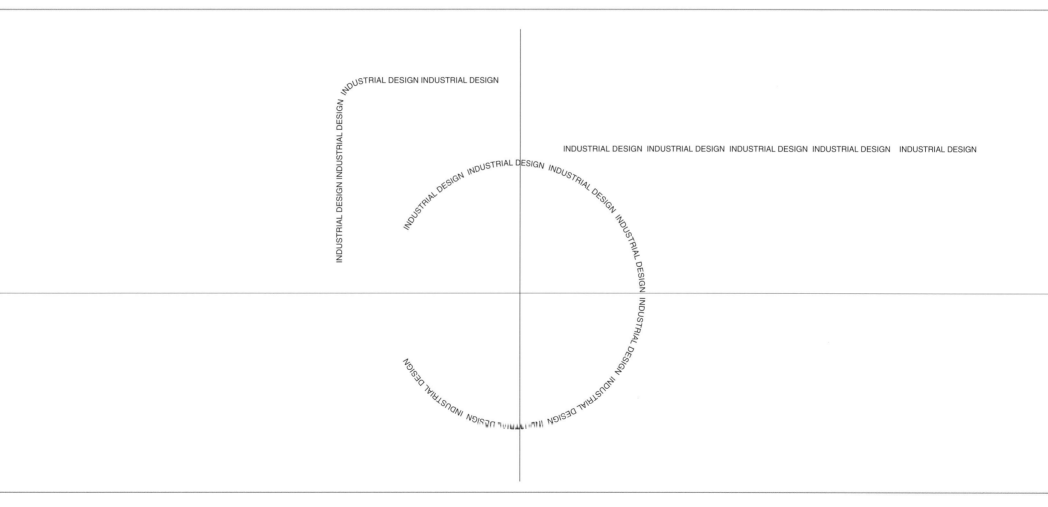

朝倉書店

推薦のことば

　自分の意志や考えていることを、正しく、正確に相手に伝えることは難しい。言葉でも文章でもかなりの努力を必要とする。

　"製図"は、物づくりデザイナーにとっては、国際共通言語であって、どこの国の人にもまったく同じ情報を正確に伝えることのできる宝物である。

　発想がスケッチで画面に姿を現し、図面に置き換えられて、実際の物が生まれる。

　清水吉治氏と川崎晃義氏の豊かな感性と巧みな製図によって世の中に姿を現し、生活の場で、人びとに歓びを与えてくれる。

　この本は、お二人の業と知恵が創りだした、魔法の杖である。

豊口　協

長岡造形大学学長

〔元東京造形大学学長〕

まえがき

　かねてから、プロダクト系・クラフト系デザイン教育現場の関係者、学生などから以下のようなデザイン製図テキスト出版の要望は多くあった。

　テキストは、製図法の原則や規則を体系的に学べるような内容であることはいうまでもない。しかし、これら原則や規則を単に図学的、論理的に理路整然と解説しただけでは学ぶ楽しさが消えてしまい、結果的には「製図は難解で面白くない」につながっていくことになりかねない。したがって、興味をもって製図が学べるように、なるべく文書による解説を少なくし、デザイン製図テキスト本来の視覚伝達機能としてのビジュアライズ化を望む。

　さらには、デザインからデザイン図面完成に至るプロセスを作例で紹介してほしい、など。

　そこで、これらプロダクト系デザインやクラフト系デザイン教育現場の要望をできるだけ反映させ、まとめたのが、本書「プロダクトデザインのための製図」である。

　本書では、学生や初心者が見て学べるようにと、製図の役割、基礎、システムなど作図に必要な基本事項は最小限の記述にとどめ、そのぶんプロダクトデザイン製図作例や製図実例を多く記載した。

　プロダクトデザイン製図作例欄では、円柱、直方体や扇形形状をベースに、電動シャープナーを造形し、作図していく方法や、シリンダー形状を基本に、アドバンスドクリーナーを造形し、作図していく方法など、併せて5作図例を紹介する。また、ドローイングや製図テクニックの習得をより容易にするために、アイディア展開スケッチからレンダリング、図形輪郭線、寸法記入などを経て、デザイン三面図完成に至るプロセスを細かく段階的に図解している。

　プロダクトデザイン製図の実例欄では、デザイン最前線におけるドローイングやデザイン製図などのありかたを垣間みることができるように、各企業やデザイン事務所で創出されたデザイン作品が収録してある。

　なお、本書中の「製図法」は、JIS規格（1999年版）に基づくが、さらによく理解されるよう図版には工夫を重ねた。

　最後になったが、デザイン製図テクニックの上達には理論、知識より実践が大切であり、それには多くの図面を描いてみることであろう。

　本書が、プロダクトデザインやクラフトデザインなどを志す人のために、少しでも手助けになれば幸いである。

2000年1月　著者一同

目次

1 製図について

1. 製図とは

人へ何かを伝えたいとき、普通われわれは言葉によって伝える。近くの人には話し言葉で、遠方の人には電話や文章に置き換えて伝達する。しかし、“もの”の形を相手に正確に伝えたい場合に、電話や文章で“もの”の形を正確に伝えることはできない。

これから本書で学ぶ製図は、デザイナーがイメージする“もの”の形を正確にわかりやすく表現し、伝えたい相手に必要な情報を正しく伝える表現方法を理解するために“プロダクトデザイナーのための製図”としてまとめられたもので、立体を平面上に置き換えるための技術を学ぶものである（日本規格協会が発行する1999年版のJISに対応）。

この技術は国際的に、共通の考え方として統一されており、言葉の通じない外国の人ともコミュニケーションが可能である。1枚の紙に描かれた図面から、世界のどこでも同じ形を理解し再現することができる。

2. 設計・製図とデザイン製図

時計、カメラ、自動車、家電製品をはじめ、様々な工業製品をつくるにあたっては、それらの品物の形状、構造、寸法、材料などが研究・検討される。それらのことが決定すると、次に線や数字、文字によって品物の概要を示す図面を作成する。この図面の作成を設計といい、設計する図面のことを設計図という。

設計図は製作物のあらましを示したものであって、品物を正確に、かつ効率的につくるために十分に検討されたものではない。そこで設計図は次のステップとして、品物を製作するのに最も有効な図面として、さらに精緻に描きあらためられる。これを製作図（工作図ともいう）という。

この図面を作成することを製図といい、製図する人を製図者という。

図面は「工業における言葉」としばしばいわれる。それは、さながら音楽における楽譜のようで、演奏者が楽譜をみてその曲を演奏することによく似ている。

それでは、デザイナーの作成するデザイン製図の目的と役割とは何か？

普通、デザイン図面は設計の前段階に計画される。最初にデザイナーの創造したデザインどおりの正確なデザインモデルを制作する。次に、考案したデザインが設計者にもよく理解され、デザイナーの意図どおりの設計がなされることを目標にデザイン図面はつくられるのである。

3. 製図規格

JISについて

工業製品の種類、形状、寸法、材質などに一定の標準を設けるため世界各国では、それぞれ国家規格を定めている。国家規格は、その国の工業の発展と技術の進歩を目的とする。

日本の国家規格は1949年に工業標準化法が制定され、JIS（Japanese Industrial Standard；日本工業規格）が制定される。さらに、日本工業規格に合格した製品であることを証明するために、1950年にはJISマークが制定され今日に至っている。1952年にJIS製図通則が制定された。1958年には機械製図通則（JIS B 0001）が制定された。その後、1985年に機械製図通則（JIS B 0001-1985）として改正公布された。

ISOについて

1949年に発足したISO（International Organization for Standardization；国際標準化機構）は、当初各国の標準化運動の情報交換、規格の国際化、啓蒙が目的であった。しかし、今日では、工業製品の規格統一は、国際的な性質をもつものであることが広く認識されている。

2 製図の用具について

　製図を速く、正確に、きれいに描くためには、いろいろな機能をもつ用具が必要である。ここでは、現在、最も使用頻度と実用性が高いと思われる用具を列挙し、解説する。

　また、デザイン製図では、カラーペンシルやマーカーなどによる正面スケッチ、二面スケッチや三面スケッチで造形の展開、確認や色彩の検討などをすることも多い。したがって、これらの関係の用具も解説してある。

2・A　製図板

2・A・1　シナベニヤ製図板

　表面はシナベニヤ。芯材にはペーパーコアを使用し、硬度、タッチに優れ、ヒノキと同様な描き味といえる。

2・A・2　SH式製図板

　製図板の表裏が塩化ビニールシート加工のため、汚れのふき取りが容易。また両サイドにはアルミエッジがはめこまれており、T定規のスライドがスムーズである。

2・A・3　マグネットボード

　図板表面には特殊なマグネットシートが圧着してあり、図面端にマグネットプレートを置くだけで図面に密着するため、テープ、画鋲がいらない。

2・B　ドラフティングマシン

　製図において、いかに速く、美しく、正確で、しかも楽に図面が描けるか。そんな思考の中から生まれたのがドラフティングマシンである。T定規、直定規、三角定規、分度器と三角スケール機能を備え、定規が製図板上を上下、左右と自在に平行移動できるため、作図作業の能率を高めることができる製図器である。

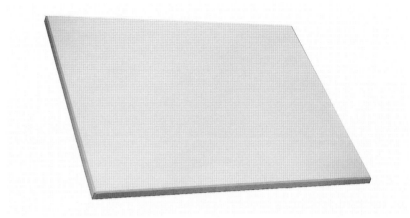

▲ シナベニヤ製図板

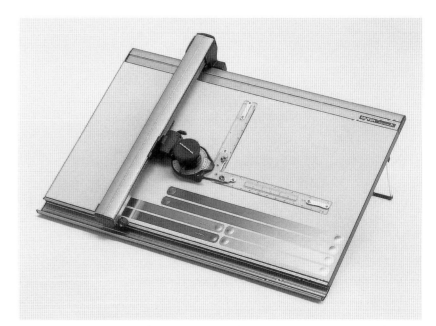

▲ ドラフティングマシン・デスクトップタイプ（A2 DRAFTER DRAFCOMPO Jr.）
MUTOH独自のドラフター技術をA2サイズに凝縮した、一体型コンポスタイルのドラフター。デスクトップサイズにして、最小読取範囲十分の防塵カバー付バーニアヘッド、マグネード製図板を採用。製図板傾斜角度は立面から緩斜面、平面まで3段階に調節可能、高い機能と操作性を実現している（写真提供：武藤工業株式会社）。

2・C 定規・テンプレート

2・C・1 T定規

水平線を引いたり、三角定規との組み合わせで垂直線を引いたりするのに用いられる。両エッジに透明塩化ビニールを使用した長さ750～1050mmのものが使いやすい。

備考：ドラフティングマシンの普及に伴い、T定規はあまり利用されなくなっている。

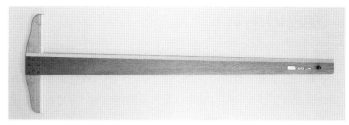

◀ T定規

2・C・2 三角定規

45°、45°、90°と30°、60°、90°の直角三角形が1組になっている定規である。アクリル製で、長さが240～300mmのものが使いやすい。

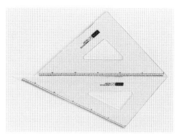

▲ 三角定規

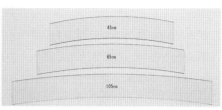

▲ 鉄道カーブ

2・C・3 アクリル製直定規

直線を引くためのアクリル製定規で、長さ300mmのものが使いやすい。溝付はスケッチワークの溝引きで利用される。

◀ アクリル製
直定規

2・C・4 鉄道カーブ

鉄道レールのような2本の平行なカーブが組み込まれたR定規で、30～5000mmまでのRが用意されている。

2・C・5 レンダリングカーブ

複数のカーブ定規をつないで曲線を描く際、滑らかにつなげるよう、定規に目安となる曲率半径が表示されたカーブ定規。A2サイズ程度の作図を前提に、やや大きめのカーブも揃っている。

▲ レンダリングカーブ

2・C・6 雲形定規

コンパスでは引けない不定曲線を描くときに用いる定規。透明アクリル製で、6枚、12枚組や万能雲形定規がひろく使われている。

万能雲形定規 ▶

2·C·7 楕円定規

26枚組投影角15〜75°までの13種類の楕円が5°ピッチで大小各2枚のテンプレートに納められている。楕円は3〜10mmは1mmピッチ、10〜52mmまでは2mmピッチ、56〜100mmは4mmピッチとなっている。材質は透明塩化ビニール製で、マット仕上げ。製図、デザインスケッチには欠かせない定規の一つである。

2·C·8 円定規

小さな円弧や角Rを描くのに欠かせないテンプレートの一つである。一枚の透明プラスチック板（0.8〜1.0mm厚）に、直径1〜36mmまでの円が37〜40穴ついたものが使いやすい。

2·C·9 三角スケール

製図ワークには必須のスケールといえる。三角断面をもち、各面にスケールの異なる目盛がついている。1/100、1/200、1/300、1/400、1/500、1/600の縮尺目盛り付。竹芯セル貼りは、素材の伸縮による精度の狂いを防ぎ、経年変化が少ない特徴をもっている。

2·C·10 自在勾配定規

二等辺三角形の直角を除く他の2角の角度を自由にセットできるもので、あらゆる角度と勾配を求めることができ、T定規と併用することで余角が正確に表示される。各種の設計製図やレイアウトなどに適している。

2·C·11 分度器

全円分度器（360°目盛または400等分目盛）、半円分度器（180°目盛）がある。斜角エッジ付で透明ダニロン製が使いやすい。

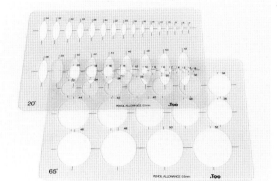

◀ 楕円定規

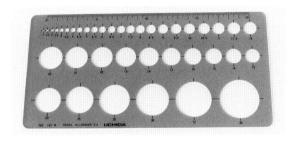

◀ 円定規

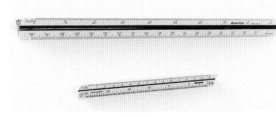

◀ 三角スケール

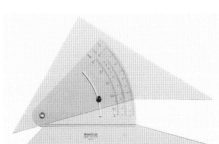

▲ 自在勾配定規

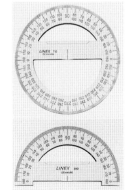

▲ 分度器

2·D コンパス

2·D·1 ドロップコンパス

小円を描く場合に使用する。コンパス中心の針が回転しないため、針の穴が大きくならず、精度の高い小円が描ける。

2·D·2 スプリングコンパス

スプリングがかかったコンパス両脚センター部の中車で半径数値の微調整ができるので、正確な小円が描ける。

2·D·3 中コンパス

直径20〜200mmくらいの円を描くのに適したコンパス。

2·D·4 大コンパス

直径40〜300mmくらいの円を描くのに適したコンパス。

2·D·5 ビームコンパス

精度が要求される大円の作図に適したコンパス。ビームのつなぎ合わせ、補助ローラの利用により、直径4000mm以上の円が描けるものもある。

2·D·6 ディバイダー

コンパスの両脚の先端が針になっていて、線を等しく分割したり、長さの寸法を図面に移したりするのに使う。

2·E 鉛筆・製図ペン

2·E·1 鉛筆

マルス製図用鉛筆と三菱ユニが代表的な製図用鉛筆。芯は、マルス製図用鉛筆が9H〜EB（19硬度）まであり、三菱ユニは9H〜6B（17硬度）まである。いずれも紙への定着性がよく、均一な線が引け、折れにくい。

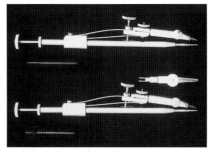

▲ ドロップコンパス

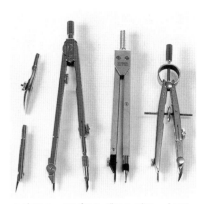

▲ 右から、スプリングコンパス、中コンパス、大コンパス

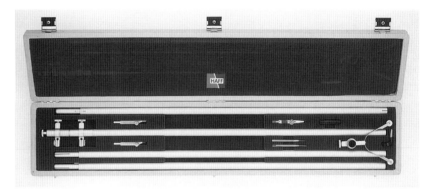

▲ ビームコンパス

ディバイダー ▶

鉛筆 ▶

2·E·2 芯ホルダー

太さ2mm芯用ホルダーに任意の硬度の替芯を入れて使う。鉛筆のように木を削る必要がなく、そのぶん手間が省ける。

2·E·3 シャープペンシル

替芯の太さは0.3〜0.9mmまであり、任意の硬度の芯を入れて使用する。通常は、0.5mm（実線）と0.3mm（細線）がよく使われる。

2·E·4 製図ペン

簡便に使えることから、インキング（スミいれ）の作図には欠かせない。インク補充タイプと使い捨てタイプがあり、線の太さは0.1〜2.0mmまである。なお、製図ペンは従来の烏口にかわりインキング（スミいれ）ツールの主流になっている。

2·F マーカー・パステル・色鉛筆

2·F·1 コピック

コピーのトナーを溶かさないツインタイプの速乾性アルコールマーカー。インクは油性、透明で、混色は自由。色数は全214色、単品（全214色）、12色セット、36色セット、72色セット、144色セットなどがある。レンダリングなどデザインスケッチワークに欠かせない。

2·F·2 ニューパステル

全100色、発色が鮮明で粒子が細かくよくのび、混色も自由にできるなど，きわめて使いやすいパステル。特に、ハーフトーンやデリケートなシェードの表現に効果が得られる。単色（全100色）、12色グレーセット、12色セット、24色セット、36色セット、60色セット、96色セットなどがある。デザインスケッチワークにおけるグラデーション表現には欠かせない。

◀ 芯ホルダー

◀ シャープペンシル

◀ 製図ペン

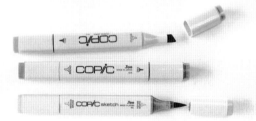

コピック ▶

ニューパステル ▶

2・F・3 ベロールイーグルカラー（色鉛筆）

発色と耐水性、耐光性に優れた色鉛筆で、あらゆるアートワークに利用でき、芯は太くソフトで折れにくく、また油性分がきわめて少ないので重ね塗りや混色も自由。単品（全129色）、12色セット、24色セット、48色セット、72色セット、96色セットなどがある。デザインスケッチワークにおけるライン表現には欠かせない。

2・G 製図用紙

2・G・1 トレーシングペーパー

トレース性に優れた白色つや消しの製図用紙。透明度がよく、鉛筆やインクののりもよいことから、製図用紙の主流になっている。

また、色鉛筆、パステルもよくのり、油性のマーカーなどで描いても、下うつりしない。製図をはじめトレースやレイアウト、スケッチ、マスキング、パステル用のパレットなど、広範囲に使用できる。ロール状のロールタイプとカットタイプ（トレペパッド）がある。

2・G・2 ケント紙

紙表面は滑らかで強度があり、鉛筆、烏口、インクなどに適した用紙。色はホワイトとアイボリーホワイトのほか、オフホワイトがある。

2・G・3 PMパッド

パステル、マーカー用に開発された本格的なレイアウトペーパー。紙質は適度の粗さ、硬さ、厚さとともに透過性があるため、アンダーレイやオーバーレイとして使えるうえに、マーカー、パステル、チャコール、インクなどものせやすい。また、先の鋭いペンや製図ペン、烏口、あるいは消しゴムを使用しても紙の表面は毛羽立たず、きれいな線を引くことができる。

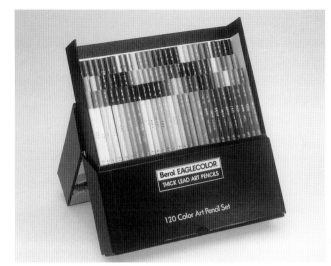

◀ ベロールイーグル
カラー（色鉛筆）

◀ トレーシングペーパー・ロールタイプ

▲ トレーシングペーパー・
カットタイプ

▲ PMパッド

8

2・H　その他

2・H・1　芯研器

芯ホルダーの芯を研ぐのに使い、手動タイプと電動タイプがある。

2・H・2　ボックス型芯研器

ボックスの中に芯研用の荒目、細目のヤスリが組み込まれた芯研器。

2・H・3　練りゴム

パステルや鉛筆を消すのに使う。材質がソフトなため、紙面を傷めず滑らかに消すことができる。

2・H・4　消しゴム

鉛筆の誤記部分を消す普通タイプのものから、インク専用タイプ、万能タイプまである。ディテールの誤記を消すには、先端の細い鉛筆型消しゴムが便利。

2・H・5　製図用ブラシ・羽ぼうき

画面上の消しかすや諸ダストを払うのに使う。製図用ブラシ、羽ぼうきは、大きいほうが使いやすい。

2・H・6　字消板

誤線、誤字などを消す場合、必要以上の箇所を消さないために使用。

2・H・7　ドラフティングテープ

トレーシングペーパーやケント紙などを製図板にとめる場合に使う。低粘着性なので、製図用紙、原稿や台紙などを傷めず、きれいにはがすことができる。

[用具、画材協力：㈱トゥールズ]

◀ ボックス型芯研器

◀ 練りゴム

◀ 消しゴム

▲ 製図用ブラシ・羽ぼうき

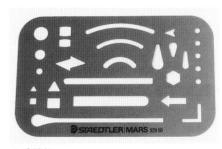

▲ 字消板

ドラフティングテープ ▶

3 製図法

3・A 図面の大きさ

3・A・1 用紙サイズ

A列サイズとB列サイズとがあり、機械製図ではJIS規定によりA0〜A4サイズの用紙を使う。

一般の書籍、雑誌、事務用紙などはB列用紙を用いる。

3・A・2 図面の向きと輪郭

製図用紙は通常、横長で使用するが、A4の図面の場合には縦長で使用してもよい。また、図面の周辺は破損などが生じやすいので、周辺に余白を残して輪郭線を引き、その中に図面を描く。輪郭線は0.5mm以上の実線を用いる。図面をとじる場合は、とじる側に25mmの余白を設ける。

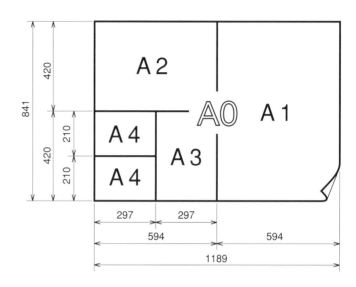

▲ 製図用紙の大きさ

図面の大きさと輪郭線
(単位：mm)

用紙の大きさの呼び方		A 0	A 1	A 2	A 3	A 4
a×b		841×1189	594×841	420×594	297×420	210×297
c（最小）		20	20	10	10	10
d（最小）	とじない場合	20	20	10	10	10
	とじる場合	25	25	25	25	25

備考：dの部分は、図面をとじるため表題欄の左側に設ける。

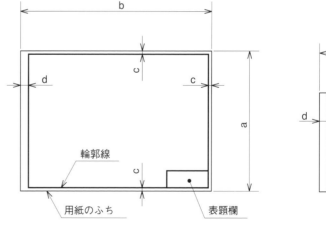

A0〜A4 横長使用の場合 　　　 A4 縦長使用の場合

▲ 図面の輪郭

3·B 表題欄と部品表

3·B·1 表題欄

　図面の右下隅に設けて、これに品名、図面番号、尺度、投影法の区別、製図所名、図面作成年月日を記入して、製図責任者が署名する。

（1）品名欄には、図示されている品物の名称が記入される。

（2）図面番号に示すM-4001と記入されているうちのMはミルクカップの頭文字Mをとったもので、その次に表示されている数字4001のうち最初の4は図面のサイズがA列4番であること、その後の数字001は、描かれた図面のうちで最初のものであることを意味する。

（3）尺度の欄には、現尺（1：1）、縮尺（1：5）、倍尺（2：1）の別を記入する（従来は、1/1、1/5、2/1）。図面は現尺で図形を描くことを基本とするが、品物によっては図形を縮小したり拡大して描く必要がある。この場合には、縮尺、倍尺にかかわらず、図面に記入する各部の寸法は現尺と同様の実際の寸法を記入する。

（4）投影図は、図面をJIS機械製図に準じて描く場合には第三角法と記入する。

（5）製作所名は、図面を作成した場所、すなわち会社、事務所、学校名などの名称を記入する。

（6）製図責任者は、作図者のみでなく、設計者、写図者、検図者なども含め、それぞれの図面に対する責任において署名が行われる。

（7）作成年月日は、図面完成の年月日を製図責任者の署名と同時に記入する。

3·B·2 部品表と部品表の位置

　部品表は、図面の細目事項を記入するために設ける。この場合には、一般に表題欄の上に部品表を重ねて記載する。しかし、図形の配置や大きさによって、部品表を表題欄と離して図面の右上に位置させることもある。

　部品表には、部品番号、名称、材質、個数、加工法などが記入されるが、その他、重量、工程、表面処理など必要によって備考欄が設けられる。

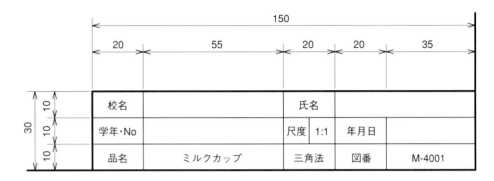

▲ 表題欄

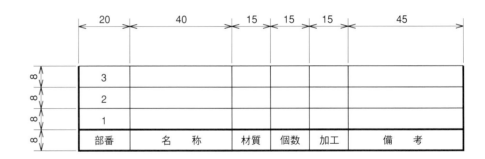

▲ 部品表

▲ 部品表の位置

3·C　線

3·C·1　線の種類

　品物の形状や構造を図面に描く線は、明確に、濃度および太さが一定していなければならない。製図に使われる線をJISでは、次の4種類に定めている。

　（1）実線。

　（2）破線。

　（3）一点鎖線。

　（4）二点鎖線。

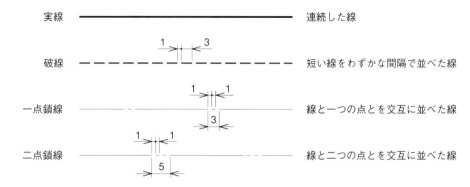

▲ 線の種類

線の種類と用途

用途による線の名称		線の種類	
外形線	：品物の見える部分の形状を表す線	———————	太い実線
かくれ線	：品物の見えない部分の形状を表す線	— — — — —	細い破線または太い破線
寸法線	：寸法を記入するために用いる線		
寸法補助線	：寸法記入のための図形から引き出す線	———————	細い実線
引き出し線	：記号などの指示のため引き出す線		
中心線	：図形の中心を表す線 ：中心が移動した中心軌跡を表す線	—‥—‥—	細い実線または細い一点鎖線
切断線	：断面を描く場合、切断位置を表す線	⌐_⌐	細い一点鎖線（端部および方向の変わる部分を太く示す）
基準線	：位置決定のよりどころを明示する線		
ピッチ線	：繰り返し図形のピッチをとる基準を表す線	—‥—‥—	細い一点鎖線
想像線	：隣接部分を参考に表す線 ：可動部分を移動限界または途中の位置で表す線	—‥‥—‥‥—	細い二点鎖線
破断線	：品物の一部を破った境界、または一部を取り去った境界を表す線	～⌇～	不規則な波形またはジグザグの細い実線
ハッチング	：断面図の切り口などを表す線	/////	細い実線
特殊な用途の線	：外形線およびかくれ線の延長を表す線 ：平面であることを示す ：位置を明示する	———————	細い実線
	：薄肉部（板金など）を単線で明示する線	———————	極太の実線

3・C・2 線の太さ

線の太さは、図形の大小によって適当に選ばれるが、細線の太さを1とすれば、太線は2、極太線は4の割合とする。一般に、外形線は0.5～0.8mmとし、これを基準として寸法線、寸法補助線、引き出し線、ハッチングなどの細線は0.3mm以下とする。かくれ線は、これまで太い線と細い線の中間の太さを適当としたが、細い線、太い線のいずれを用いてもよいことになった。ただし、同じ図面の中で、両者を混用してはならない。

3・C・3 線の名称と用法

（1）外形線

図面では、品物の外形を示す図形が最も重要である。図形を明確に理解する外形線には、よく目立つ太い実線を用いる。

（2）かくれ線（破線）

外形線の裏側にかくれて見えない部分の形状を示すときに破線を用いて表す。かくれ線は図形を複雑にする場合が多いので、特に必要のある場合に限って使用する。

（3）中心線

コップやビンなどのように、中心軸に対して左右対称図形のような場合には、細い一点鎖線、あるいは細い実線を用いた中心線で示す。

（4）想像線

動くものの位置を示したり、隣接する品物の形状を示したりする場合には、細い二点鎖線を用いて示す。

（5）切断線

品物の内部形状をよく理解するために断面図を描く場合に、その切断位置を示す線を切断線といい、細い一点鎖線を用いる。切断線の両端には、投影方向を示す矢印と記号をつけて断面を明確にする。また、切断線の両端部、屈曲部などの要部は太くして示す。

（6）破断線

品物の一部分を破りとり、そこに現れる断面部を見せたり、長い品物の中間部を破断して短縮図示する場合に、破断線と呼ぶ細い実線および不規則な波形の細い実線をフリーハンドで描く。

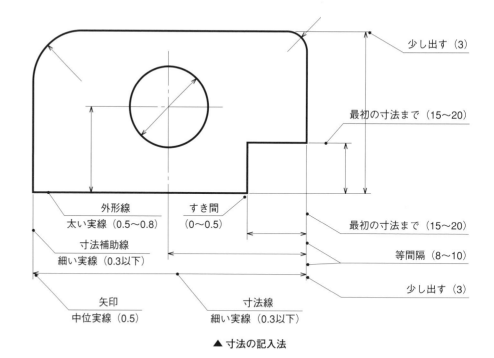

▲ 寸法の記入法

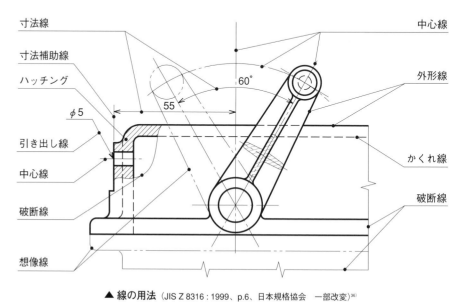

▲ 線の用法（JIS Z 8316：1999、p.6、日本規格協会　一部改変）[36]

3·D 文 字

　図面には、図形のほかに寸法の記入や説明、指定、指示などを行うために文字や記号が記入される。

　文字は数字、英字、漢字、仮名が用いられる。数字、英字は右に15°傾けた斜体として、縦と横の比は1：2程度とする。漢字は当用漢字字体を用いる。16画以上の漢字は避けて仮名がきとする。仮名は、平仮名、片仮名のいずれかを用い混用は避ける。

　一般に図面に描かれる数字の大きさ（高さ）は3〜5mmの範囲で用いられるが、JISでは文字の大きさを次のように定めている。

数字、英字、仮名：2.24、3.15、4.5、6.3、9の5種類

漢字：3.15、4.5、6.3、9の4種類

大きさ 9mm	断面詳細矢視側図計画組
大きさ 6.3mm	断面詳細矢視側図計画組
大きさ 4.5mm	断面詳細矢視側図計画組
大きさ 3.15mm	断面詳細矢視側図計画組

▲ 漢字の書体（JIS B 0001：1985、p.8、日本規格協会）[25]

大きさ 9mm	アイウエオカキクケ
大きさ 6.3mm	コサシスセソタチツ
大きさ 4.5mm	テトナニヌネノハヒ
大きさ 3.15mm	フヘホマミムメモヤ
大きさ 2.24mm	ユヨラリルレロワン

大きさ 9mm	あいうえおかきくけ
大きさ 6.3mm	こさしすせそたちつ
大きさ 4.5mm	てとなにぬねのはひ
大きさ 3.15mm	ふへほまみむめもや
大きさ 2.24mm	ゆよらりるれろわん

▲ 仮名の書体（JIS B 0001：1985、p.9、日本規格協会）[25]

大きさ 9mm	1234567890
大きさ 4.5mm	1234567890
大きさ 6.3mm	ABCDEFGHIJ KLMNOPQR STUVWXYZ abcdefghijklm nopqrstuvwxyz

▲ J形斜体のアラビア数字および英字の書体
（JIS B 0001：1985、p.9、日本規格協会）[25]

大きさ 9mm	1234567890
大きさ 4.5mm	1234567890
大きさ 6.3mm	ABCDEFGHIJ KLMNOPQR STUVWXYZ abcdefghijklm nopqrstuvwxyz

▲ B形斜体のアラビア数字および英字の書体
（JIS B 0001：1985、p.10、日本規格協会）[25]

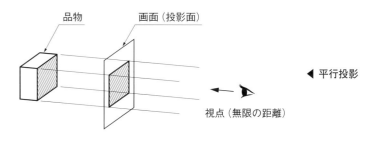

平行投影

4 図形の表し方

4·A 投影図法

4·A·1 立体の“もの”を平面上に表現

品物（立体物）の形や大きさを平面上に表すには、どうすればよいのであろうか。製図はここからスタートし、表現の第一歩として投影という手法が用いられる。投影にはいくつかの方法があるが、製図上では主として平行光線による平行投影法が用いられ、かつそのうちの正投影図法で行われる。

空間を互いに直角な平面で4つに区切り、各空間に投影しようとする品物を置いて投影する方式を示す。

それぞれの空間を第一角、第二角、第三角、第四角という。

この場合、投影面は、透明なガラス板と考える。

投影は、いずれも右水平の方向と、垂直の方向から眺め、その位置で目に見える面を投影して作図する。

投影後、垂直面を反時計回りに90°回転させて平面にする。その結果、投影図として実際に使用できるのは、第三角法と第一角法で、第二角法と第四角法では図が重なり、使用することができない。

JIS機械製図では、第三角法によって投影図を描くことを定めている。ただし、特別に必要な場合にかぎり第一角法で描くこともできる。

通常は6面の投影図を描かなくても、重要な3面を描くことにより“もの”の形がわかる。たいていのものは正面図、平面図、側面図の3面の投影図により形を描くことができ、一般に「三面図」と呼ばれている。

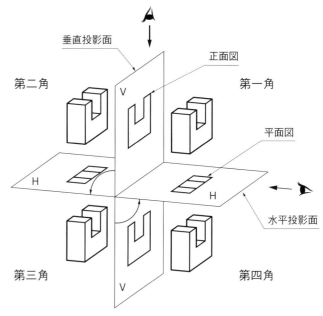

〔第一角法～第四角法の投影図〕

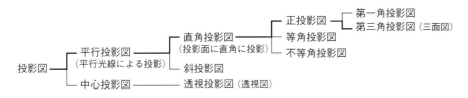

▲ 基本投影図の種類

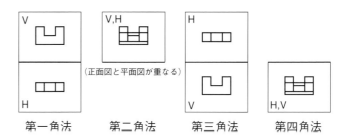

（熊谷信男ほか：機械製図の基礎と演習。共立出版、1983 一部改変）[19]

4・A・2 第三角法と第一角法との比較

　第三角法では、平面図は正面図の真上に、品物を右から見た側面図は正面図の右に描くので、品物と対照してわかりやすい。

　第一角法の場合は、平面図は正面図の真下に、品物を右から見た側面図は正面図の左に描くので対照上不便である。したがって、図面は三角法で描くのが自然である。

4・B　正面図の選び方

　図面は、正面図、平面図、側面図などを用いて、品物の立体形状を表すが、製図上では正面図の選び方がたいへん重要である。たとえば、自転車や自動車の例をあげると、普通われわれの日常の習慣としては、前進するほうの面を正面というが、製図上では、これを側面図として表し、普通は側面といわれるほうが代表的投影図であるから、正面図として扱う。

　ごく簡単な品物では、正面図だけで十分に用が足りる。このような図面を「単一図」という。

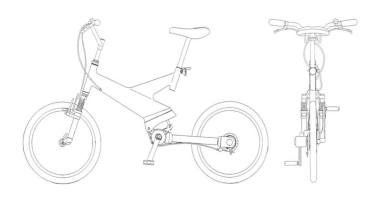

▲ 正面図と側面図

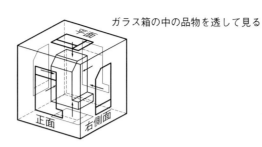

ガラス箱の中の品物を透して見る

立体から平面へ　第三角の各投影面

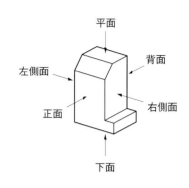

平面

背面

左側面

右側面

正面

下面

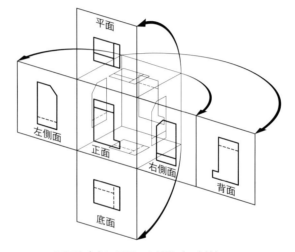

正面を中心に平面への展開（三角法）

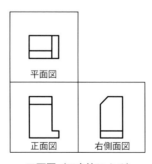

平面図

正面図　　右側面図

三面図（三角法による）

▲ 正投影法

（網戸通夫ほか：製図・レンダリング。武蔵野美術大学短期大学部通信教育部、1981　一部改変）[1]

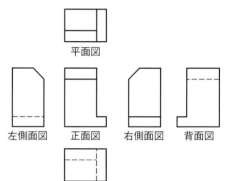

平面図

左側面図　　正面図　　右側面図　　背面図

下面図　　　第三角法

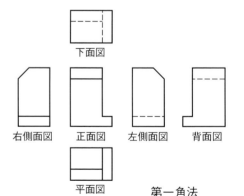

下面図

右側面図　　正面図　　左側面図　　背面図

平面図　　　第一角法

▲ 第一角法と第三角法の標準配置

4·C　補助となる図法

　図面によっては、基本的な図形の表し方だけでは、その詳細を図示できないものがあるので、そのような場合には、補助的な図示法を併用して表現する。

（1）補助投影図

　傾斜面をもつ品物で、その斜面の実形を表す必要がある場合に、斜面に対向する位置に図示できない場合には、その旨を矢印と英字あるいは折り曲げた中心線で結び、投影関係を示す。

（2）部分投影図

　図の一部だけを示せば形が理解できる場合には、その必要な部分だけを図示する。省いた部分との境界は破断線で示す。

（3）局部投影図

　品物の穴、キー溝など、局部だけの形で理解できる場合には、その必要部分だけを図示する。原則として、主となる図に中心線、基準線、寸法補助線などで結ぶ。

（4）回転投影図

　曲がったアームをもつ品物の場合は、その部分を回転して実形を図示する。見誤るおそれのある場合には、この線を残しておく。

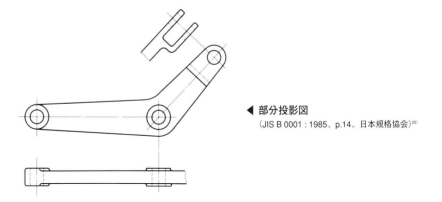

◀ 部分投影図
（JIS B 0001：1985、p.14、日本規格協会）[25]

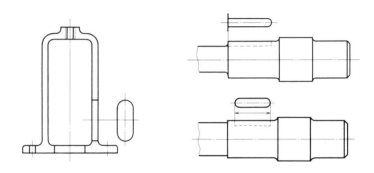

▲ 局部投影図　（JIS B 0001：1985、p.14、日本規格協会）[25]

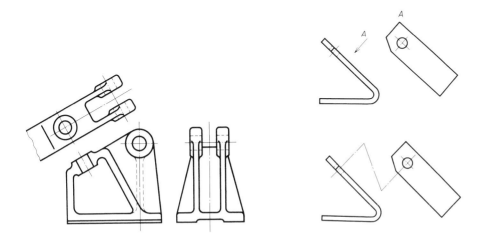

▲ 補助投影図（JIS B 0001：1985、p.12-13、日本規格協会）[25]

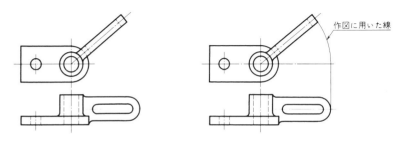

▲ 回転投影図　（JIS B 0001：1985、p.14、日本規格協会）[25]

（5）展開図

板材を曲げて作る品物などは、実形を正面図に示すとともに、平面図に展開した図を描いて示す。この場合、展開図の付近に「展開図」と記入するのがよい。

（6）対称図形の省略

図形が対称形状の場合には、対称中心線の片側だけ描き、他の片側は省略してよい。

（7）繰り返し図形の省略

多数のボルト穴など、同種同形のものが連続して多数並ぶ場合には、両端部または要所だけを実形または図記号で示し、他はその中心位置だけを示しておけばよい。

（8）中間部分の省略

棒、管などの同一断面形の部分が長い場合には、その中間部を切り取って短縮図示できる。切り取った部分は破断線で示す。長いテーパ部分や勾配部分を切り取った図示では、傾斜が緩いものは一直線に結んで描いてもよい。

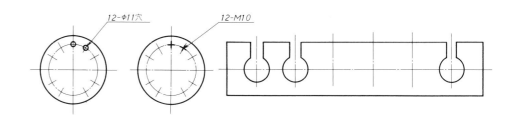

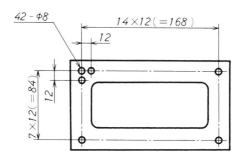

▲ 繰り返し図形の省略
（JIS B 0001：1985、p.25、日本規格協会）[25]

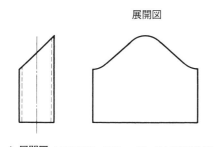

展開図

▲ 展開図 （JIS B 0001：1985、p.26、日本規格協会）[25]

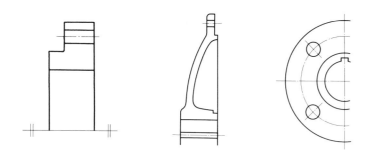

▲ 対称図形の省略 （JIS B 0001：1985、p.23、日本規格協会）[25]

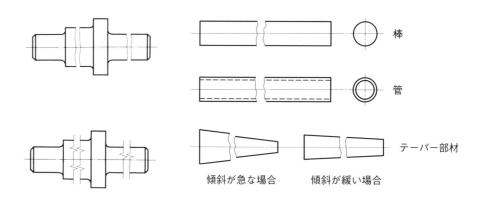

棒

管

テーパー部材

傾斜が急な場合　　傾斜が緩い場合

▲ 中間部分の省略 （JIS B 0001：1985、p.25-26、日本規格協会　一部改変）[25]

4・D　断面図の表し方

　かくれた部分をわかりやすく示すために、品物を切断して断面図として図示することができる。同時に、断面をわかりやすくするため、断面図には、ハッチングまたはスマッジングを施す場合が多い。

（1）全断面図

　上下または左右に対称な品物で、基本中心線上の平面で切断して得られるすべての断面図を全断面図という。

（2）片側断面図

　上下または左右に対称な品物で、全断面図の半分と外形図の半分とを同時に示す場合には、対称中心線の上側または右側を断面図で示す。

（3）部分断面図

　外形図の中で必要な箇所の一部を破って表示し、破断線によってその境界を示す。

（4）回転図示断面図

　フックや把手などの断面箇所あるいは切断線の延長線上に断面を90°回転して示す。

（5）組み合わせによる断面図

　ほぼ対称形の品物の場合には、対称の中心線を境としてその片側を投影図に平行に切断し、他の側を投影図とある角度をもって切断することができる。この場合、後者の断面図は、その角度だけ投影面のほうに回転して図示する。

（6）階段断面図

　平行な2平面で切断した断面を示す場合、切断線によって切断の位置を示し、組み合わせによる断面図であることを示すため、2つの切断線を任意の位置でつなぐ。

（7）曲がった管の断面図

　曲がった管などの断面を示す場合には、その曲がりの中心線に沿って切断し、そのまま図示する。

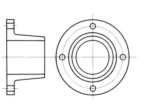
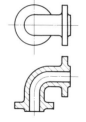
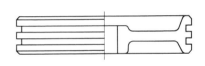

▲ 全断面図　（JIS B 0001：1985、p.15、日本規格協会）[25]

▲ 片側断面図
（JIS B 0001：1985、p.16、日本規格協会）[25]

▲ 部分断面図　（JIS B 0001：1985、p.16、日本規格協会）[25]

▲ 部分断面図　（JIS B 0001：1985、p.16、日本規格協会）[25]

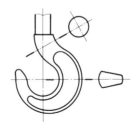
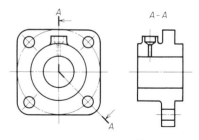

▲ 回転図示断面図　（JIS B 0001：1985、p.17、日本規格協会）[25]

▲ 組み合わせによる断面図
（JIS B 0001：1985、p.17、日本規格協会）[25]

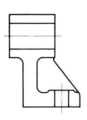
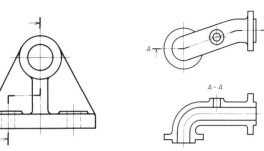

▲ 階段断面図　（JIS B 0001：1985、p.18、日本規格協会）[25]

▲ 曲がった管の断面図
（JIS B 0001：1985、p.18、日本規格協会）[25]

間部分の省略 ▶

（8）多数の断面図

複雑な形状の品物を表示する場合には、必要に応じて多数の断面図を描く。

（9）薄物の断面図

薄板、形鋼など切り口が薄い場合には、切り口を黒く塗りつぶすか、1本の極太の実線で図示する。これらの切り口が隣接している場合には、0.7 mm 以上のすき間をあけて図示する。

（10）切断しないもの

対象別の形状を明瞭にする目的で断面図は作られるが、ものによっては、切断面として示さないほうがよい場合がある。JIS では、軸、ピン、ボルト、ナット、座金、小ねじ、止めねじ、リベット、リブ、キー、車のアーム、歯車の歯などは原則として長手方向に切断しない。

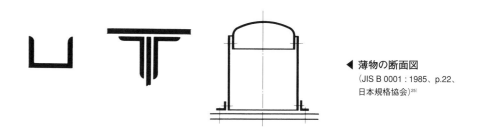

◀ 薄物の断面図
（JIS B 0001：1985、p.22、
日本規格協会）[25]

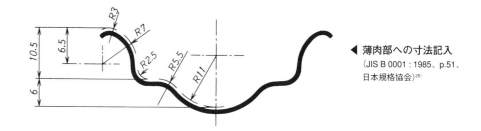

◀ 薄肉部への寸法記入
（JIS B 0001：1985、p.51、
日本規格協会）[25]

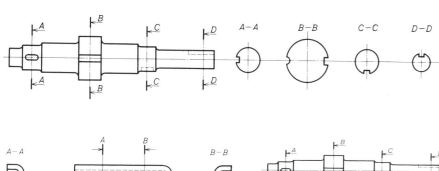

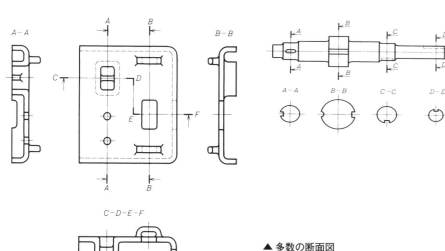

▲ 多数の断面図
（JIS B 0001：1985、p.19-20、日本規格協会）[25]

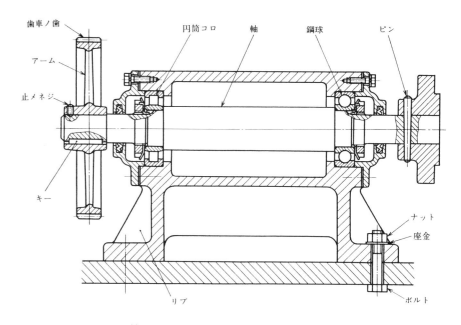

▲ 切断しないもの （JIS B 0001：1985、p.21、日本規格協会）[25]

（11）断面の表示

断面をわかりやすくするために、切り口にハッチングまたはスマッジングを施す。ハッチングは主な外形線に対して45°に細い実線で等間隔に施す。

階段状の切断面とか2つ以上の品物が接する場合には、ハッチングをずらしたり、向きを変えたり、間隔を変えて図示する。

スマッジングは断面の周辺に薄く色を塗る方法で、手軽なため広く使用されている。

4·E 寸法記入法

4·E·1 寸法の記入について

寸法は図面の中で最も重要なものの一つである。寸法が読みにくかったり、記入ミスがあったりすると、製作者の作業効率の低下につながる。図面の寸法記入は、寸法補助線、寸法線、寸法補助記号などを用いて寸法数値によって図示される。寸法記入では、特に次の点を注意する必要がある。

（1）図面を見る人の立場に立って明瞭な寸法を記入する。

（2）寸法の記入もれがないようにする。

（3）寸法は計算しないで求められることと、重複記入を避ける。

（4）関連寸法はなるべくまとめ、製作工程が便利なようにする。

（5）記入寸法は完成品の仕上がり寸法とする。

（6）寸法数値はミリメートルの単位で記入し、「mm」の記号は用いない。

4·E·2 寸法線、寸法補助線

ものの寸法は細い実線による寸法補助線、寸法線を用いて記入し、寸法線の両端には矢印をつける。寸法補助線は寸法線に対し直角とし、寸法線を少し越える（3mmぐらい）まで延長する。また、図形が浮き上がってみえるので、寸法補助線は図形から少し離して（0.5～1mm）引き出してよい（14頁の「▲ 寸法の記入法」参照）。

寸法を記入する場所で表示しにくい場合には、寸法線に対し60°の角度で互いに平行な寸法補助線を引いて表示する。

（1）矢 印

寸法、角度などを記入する寸法線の両端や円弧の寸法線、寸法の引き出し線につける矢印は、同一図面内では、なるべく大きさや形を統一して用いる。

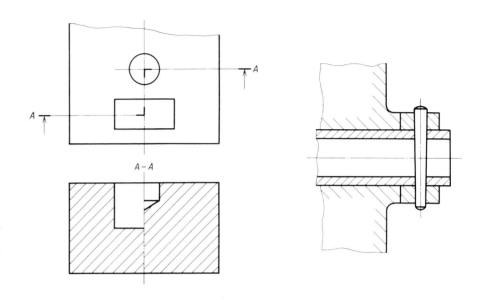

▲ **断面の表示** （JIS B 0001 : 1985、p.21-22、日本規格協会）[25]

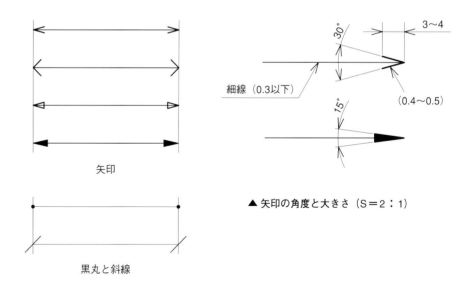

矢印

黒丸と斜線

▲ **矢印** （JIS Z 8317 : 1999、p.4、日本規格協会　一部改変）[37]

矢印は、端が開いたもの、閉じたもの、塗りつぶしたもののいずれでもよいが、30°開きの矢印が多く用いられている。

（2）寸法数値の記入

寸法線に寸法の数値を記入するには、寸法線を中断せず、その中央の上側にわずかに離して記入する。

寸法線がいくつも並ぶ場合には、等間隔（8〜10mm）に引く。寸法数値は、水平方向の寸法線には上向きに、垂直方向の寸法線には左向きに表示する。斜め方向の寸法線や角度の寸法数値の場合にはこれに準じる。また、その他、寸法数値をすべて上向きとし、水平方向の寸法線のみを中断せず、それ以外の寸法線を中断して、その間に記入する方法でもよい。この場合には、角度寸法の寸法線はすべて中断する。

（3）角度、弦、弧の寸法記入

角度を示す寸法線は、2辺の交点あるいはその延長線上の交点を中心として、両辺またはその延長線の間に描いた円弧で示す。弦の長さは、弦と平行な寸法線を引いて示す。弧の長さを示す寸法線は、弧と同心の円弧として示す。

円弧であることを示すため、寸法数字の上に「⌒」の記号を記入する。

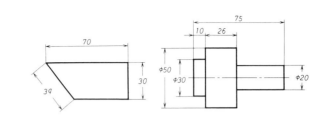

▲ **長さ寸法の場合**（JIS B 0001：1985、p.36、日本規格協会）[25]

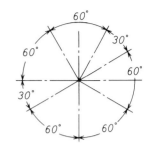

▲ **角度寸法の場合**（JIS B 0001：1985、p.36、日本規格協会）[25]

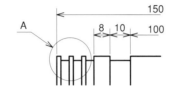 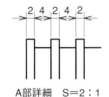

◀ **狭小部への寸法記入**

A部詳細　S＝2：1

◀ **角度の寸法記入**（JIS B 0001：1985、p.35、日本規格協会）[25]

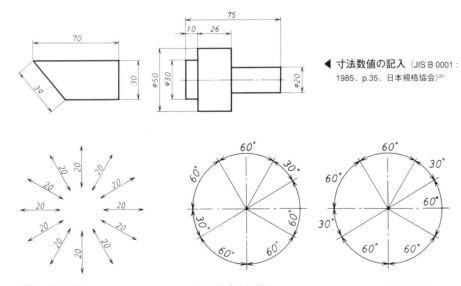

◀ **寸法数値の記入**（JIS B 0001：1985、p.35、日本規格協会）[25]

辺の長さ寸法　　弦の長さ寸法　　弧の長さ寸法　　角度寸法

▲ **寸法線**（JIS B 0001：1985、p.33、日本規格協会）[25]

▲ **長さ寸法の場合**（JIS B 0001：1985、p.35、日本規格協会）[25]

▲ **角度寸法の場合**（JIS B 0001：1985、p.36、日本規格協会）[25]

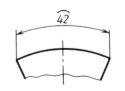

▲ **弦の長さ寸法**（JIS B 0001：1985、p.43、日本規格協会）[25]

▲ **弧の長さ寸法**（JIS B 0001：1985、p.43、日本規格協会）[25]

（4）2つの面の間に丸みや面取りがあるときの寸法表示

2つの面の交わる位置を示すには、丸みや面取りをする前の形状を細い実線で示し、その交点から寸法補助線を引き出す。

4・E・3 寸法補助記号の表し方

（1）直径（diameter）の記号「φ」

円形でありながら、その形を図に表さないで円形であることを示す場合には、直径の記号「φ」を寸法数値の前にかく。また、円形の図に直径寸法を記入する場合には、直径の記号「φ」はつけない。

（2）半径（radius）の表し方

半径を示すには、半径の記号「R」を寸法数値の前につける。半径を示す寸法線には円弧の側にだけ矢印をつけ、中心側にはつけない。特に中心を示す必要のある場合には、「黒丸」または「＋印」をつける。半径が大きく中心位置を示す必要のある場合には、半径の寸法線を折り曲げて図示する。この場合、矢印のついた寸法線は半径の中心位置に向けて図示する。

◀ 2つの面の間に丸みや面取り
があるときの寸法表示
（JIS B 0001：1985、p.56、日本規
格協会）[25]

寸法補助記号

区　分	記　号	呼び方	用　法
直径	φ	まる	直径の寸法数値の前につける
半径	R	あーる	半径の寸法数値の前につける
球の直径	Sφ	えすまる	球の直径の寸法数値の前につける
球の半径	SR	えすあーる	球の半径の寸法数値の前につける
正方形の辺	□	かく	正方形の一辺の寸法数値の前につける
板の厚さ	t	てぃー	板の厚さの寸法数値の前につける
45°の面取り	C	しー	45°面取りの寸法数値の前につける
参考寸法	（　）	かっこ	参考寸法の寸法数値を囲む

（JIS Z 8317：1999、p.7、日本規格協会　一部改変）[37]

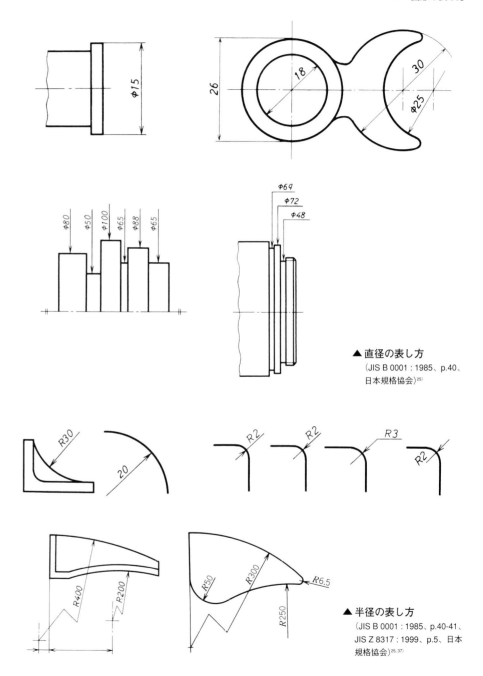

▲ 直径の表し方
（JIS B 0001：1985、p.40、
日本規格協会）[25]

▲ 半径の表し方
（JIS B 0001：1985、p.40-41、
JIS Z 8317：1999、p.5、日本
規格協会）[25,37]

（3）球の直径・半径の表し方

球の直径・半径を示すには、「S∮」、「SR」の記号を寸法数値の前につける。

（4）板の厚さの表し方

板の厚さの寸法を示すには、図の付近または図の中の見やすい位置に、厚さを示す寸法数値の前に「t（thickness）」の記号をつける。

（5）面取りの表し方（chamfer）

品物の角をとることを「面取り」という。45°の面取りの場合、寸法数値×45°または「C」の記号を寸法数値の前に記入する。

45°以外の面取りは通常の寸法記入法によって表す。

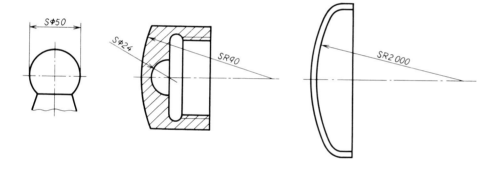

▲ 球の直径・半径の表し方（JIS B 0001：1985、p.42、日本規格協会）[25]

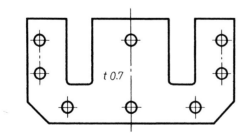

▲ 板の厚さの表し方（JIS B 0001：1985、p.43、日本規格協会）[25]

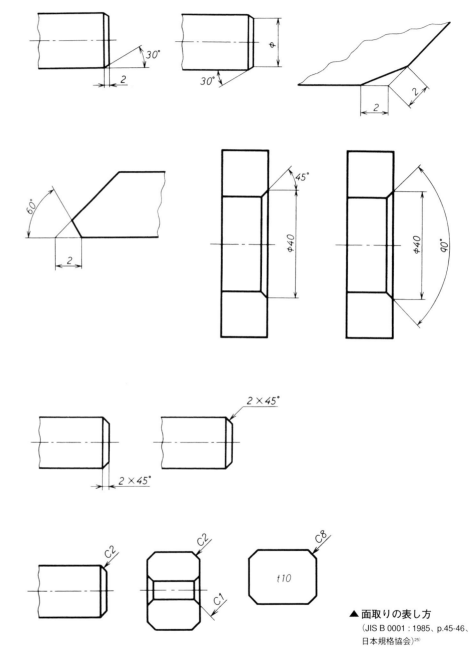

▲ 面取りの表し方
（JIS B 0001：1985、p.45-46、日本規格協会）[25]

（6）穴の表し方

品物には加工方法により、きり穴（ドリル）、打抜き穴（プレス）、鋳抜き穴などが
あり、この場合、小径の穴寸法を示すには、引き出し線を用いて寸法記入をする（穴
寸法の後に加工方法の区別を記入して示す）。

同一寸法の多数の穴をもつ寸法の表示には、穴から引き出し線を引き出して、その
総数を示す数字の次に短線を挟んで穴の寸法を記入する。

（7）曲線の寸法記入

円弧で構成される曲線の寸法は、円弧の半径とその中心または円弧の接線の位置で
表す。円弧で表せない曲線の寸法は、その曲線部分を曲線上の任意の点の座標寸法に
よって表す。

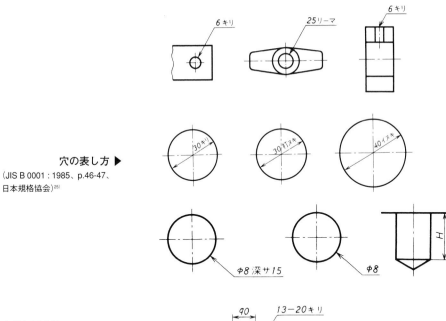

穴の表し方 ▶
（JIS B 0001 : 1985、p.46-47、
日本規格協会）[25]

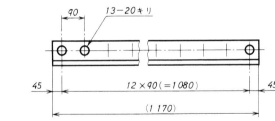

穴の加工方法	
加工方法	簡略指示
鋳放し	イヌキ
プレス抜き	打ちヌキ
きりもみ	キリ
リーマ仕上げ	リーマ

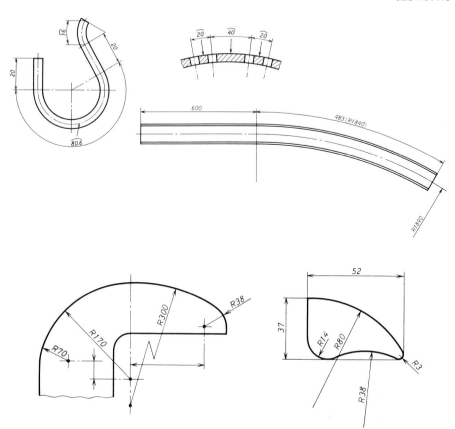

▲ 曲線の寸法記入 （JIS B 0001 : 1985、p.43-44、日本規格協会）[25]

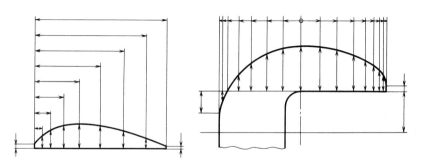

▲ 円弧で構成されない曲線の寸法記入 （JIS B 0001 : 1985、p.45、日本規格協会）[25]

4・E・4 基準部を設ける寸法記入法

"もの"の加工や組立のときに、基準となる線または面を設けることがあり、基準部という。基準部は、加工や寸法測定に便利なところを選び、寸法数値はこの基準を基にして記入する。

特に基準であることを示す必要のある場合には「基準」と記入する。

4・F 機械部品の表し方

図面の中で描かれることの多い機械部品として、ねじ、ボルト、ナット、ばねなどの類がある。これらの部品を図面の中にていねいに描くのはかなり手数がかかる。そこでJISでは、略画法によるこれら機械部品の図示法を定めている。

ねじには、"おねじ"と"めねじ"があって、ねじはこの両方のねじの組み合わせによって使用される。ねじは主として2つの物体を固着するため、締めつけたり、締めつけを解くのに用いられる。

4・F・1 ねじの略画法

（1）おねじの外径と、めねじの内径は、ねじ山の山頂であり太い実線（外形線）で示す。

（2）おねじ、めねじとも、ねじ山の谷底は細い実線で示す。

（3）完全ねじ部と不完全ねじ部の境界線は太い実線（外形線）で示す。

（4）不完全ねじ部の谷底を示す線は30°の傾きの細い実線で示す。

（5）見えない部分のめねじを表すには、すべて破線で示す。

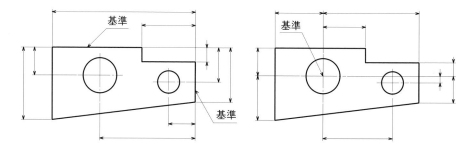

（1）面を基準とする寸法記入　　（2）穴の中心を基準とする寸法記入

▲ 基準部を設ける （大西 清：JISにもとづく標準製図法。p.75、理工学社、1995 一部改変）[13]

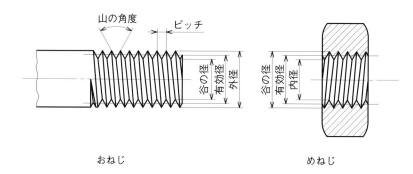

おねじ　　　　めねじ

▲ ねじ各部の名称 （大西 清：JISにもとづく標準製図法。p.79、理工学社、1995 一部改変）[13]

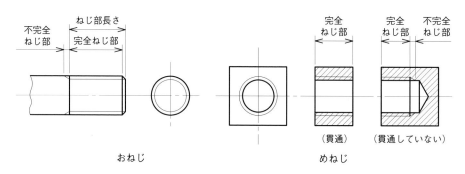

おねじ　　　　　　めねじ

▲ ねじの略画法 （JIS B 0002-1：1998、p.4、日本規格協会 一部改変）[26]

4・F・2　ボルト、ナットの図示法

　品物の組立や取り付けなどに用いられるボルト、ナットの図示法には、ていねいな図示法（部品図）と略画法（組立図）とがある。

　略画法では、面取りと不完全ねじ部を省略して図示する。

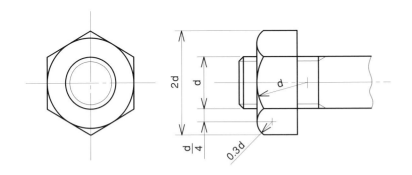

▲ ボルト・ナット六角部の描き方

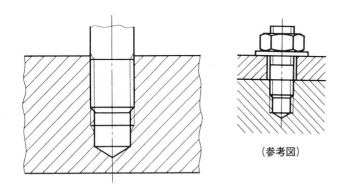

（参考図）

▲ めねじを加工する際に必要な，不完全ねじ部または逃げ溝を図示するのがよい
（JIS B 0002-1：1998、p.4、日本規格協会）[26]

ねじおよびねじ部分の簡略図示法（JIS B 0002-3：1998、p.3、日本規格協会）[28]

No.	名称	簡略図示	No.	名称	簡略図示
1	六角ボルト		9	十字穴付き皿小ねじ	
2	四角ボルト		10	すりわり付き止めねじ	
3	六角穴付きボルト		11	すりわり付き木ねじ及びタッピンねじ	
4	すりわり付き平小ねじ（なべ頭形状）		12	ちょうボルト	
5	十字穴付き平小ねじ		13	六角ナット	
6	すりわり付き丸皿小ねじ		14	溝付き六角ナット	
7	十字穴付き丸皿小ねじ		15	四角ナット	
8	すりわり付き皿小ねじ		16	ちょうナット	

4·F·3 小ねじ、止めねじの図示法

小ねじは、外径1〜8mmの範囲で、いろいろな種類がある。

「すりわり付き小ねじ」の頭の溝は、平面図では右上がり45°に傾け太い実線とし、正面図の溝には関係なく示す。

「十字穴付き小ねじ」の頭の溝は、平面図では十字穴を45°に傾けて描く。小ねじは、不完全ねじ部を省略して描いてよい。

この他に、木材に使用される木ねじや金属板を止めるタッピンねじなどがあり、小ねじの用途は多い。

4·F·4 ばねの表し方

ばねには、いろいろな種類のものがあるが、その中で最も多く使用されているのがコイルばねである。コイルばねは主として丸い針金（四角な針金）を巻いて作られ、力を受ける方向によって、圧縮コイルばね、引張コイルばね、ねじりコイルばねなどがある。コイルばねのよく用いられる図示法としては、同一形状のコイル部分を一部省略する図示法と、市販の標準品などのようなコイルばねを活用する場合には、線図的に簡略化した図示法が行われる。

圧縮コイルばね（外観図）▶
（JIS B 0004 : 1995、p.3、日本規格協会）[30]

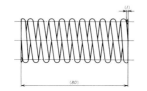

圧縮コイルばね（一部省略図）▶
（JIS B 0004 : 1995、p.6、日本規格協会）[30]

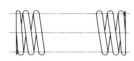

圧縮コイルばね（簡略図）▶
（JIS B 0004 : 1995、p.9、日本規格協会）[30]

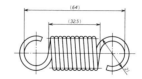

▲ 引張コイルばね
（JIS B 0004 : 1995、p.10、日本規格協会）[30]

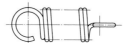

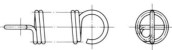

▲ 引張コイルばね（一部省略図）
（JIS B 0004 : 1995、p.11、日本規格協会）[30]

▲ 引張コイルばね（簡略図）
（JIS B 0004 : 1995、p.11、日本規格協会）[30]

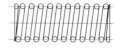

▲ 圧縮コイルばね（断面図）
（JIS B 0004 : 1995、p.6、日本規格協会）[30]

▲ 圧縮コイルばね（一部省略図）
（JIS B 0004 : 1995、p.6、日本規格協会）[30]

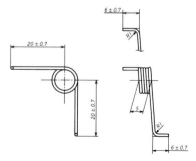

▲ ねじりコイルばね
（JIS B 0004 : 1995、p.12、日本規格協会）[30]

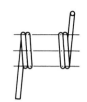

▲ ねじりコイルばね（一部省略図）
（JIS B 0004 : 1995、p.13、日本規格協会）[30]

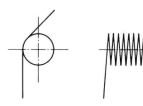

▲ ねじりコイルばね（簡略図）
（JIS B 0004 : 1995、p.13、日本規格協会）[30]

5 プロダクトデザイン製図の作例（スケッチからデザイン製図へ）

ここで紹介するプロダクトデザイン製図の作例について。

① 作図例は、立体（製品）の造形展開、造形検討や造形確認が主たる目的のために描いたデザイン外形図である。したがって、外形の造形処理にかかわる表現を優先し、内外機構部や付帯部品などは省略表現にとどめた。

② また、製図ができるだけ早く上達するようにと、作図に必要な最小限の基本を、スケッチからデザイン三面図に至るプロセスの各ステージで図解している。

③ 表現しやすい方法で製図したため、若干、JIS機械製図から外れた部分もあるが、おおむね規定に基づいた図面である。

④ 製図例は説明用のためCADを使って描いているが、手描きであっても作図の手順はまったく同じといえる。

5・A 電動シャープナーのデザイン

電動シャープナーのスタイリング検討のために作図した一部である。

"シンプルでわかりやすい幾何学的フォルム"がスタイリングコンセプト。円柱、直方体や扇形体などを複合し、基本形態を決めたあと、さらに表面やディテールの形状を変化発展させ、目的のデザインにまとめた。

全体としてはシンプルな形態であるにもかかわらず、鉛筆挿入口を中心にもつ同心円が造形のアクセントになり、求心力の強いスタイリングとなっている。

5・A・1 アイディアスケッチ

スタイリングコンセプトに基づき、電動シャープナーの造形アイディアのバリエーションを表現していく。

アイディアスケッチは、その技法に定義をもたないが、浮んだ造形イメージを素早く表現していくには、手近にあるボールペンやマーカーなどが一般的で使いやすい。

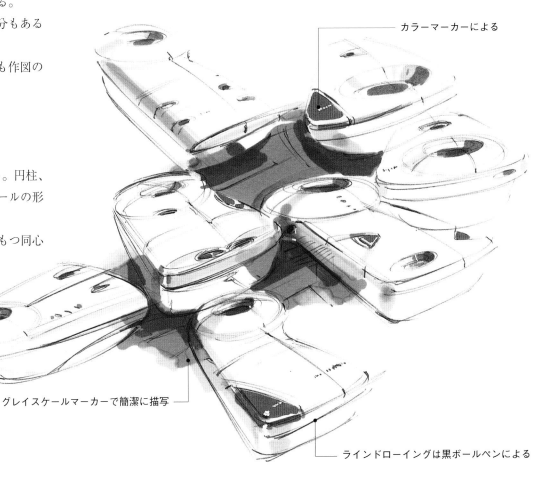

カラーマーカーによる

グレイスケールマーカーで簡潔に描写

ラインドローイングは黒ボールペンによる

スタイリングコンセプトに基づき描いた電動シャープナーのアイディアスケッチ群。▲
PMパッド白（イラストレーションペーパー）にボールペン、マーカーで表現。

5·A·2 ラフスケッチ

アイディアスケッチから選んだデザインを基本に、第三者が見ても、電動シャープナーのスタイリング意図が理解できるレベルのスケッチに仕上げる。

ここでは、造形した電動シャープナーの寸法検討の必要性から、方眼紙を使い原寸大で表現した。

【ラフスケッチA】

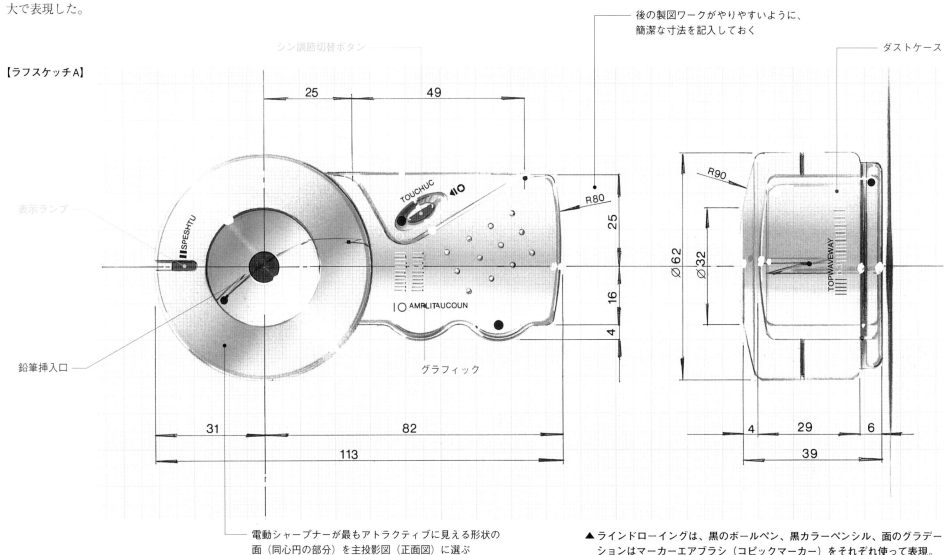

シン調節切替ボタン

後の製図ワークがやりやすいように、
簡潔な寸法を記入しておく

ダストケース

表示ランプ

鉛筆挿入口

グラフィック

電動シャープナーが最もアトラクティブに見える形状の
面（同心円の部分）を主投影図（正面図）に選ぶ

▲ ラインドローイングは、黒のボールペン、黒カラーペンシル、面のグラデー
ションはマーカーエアブラシ（コピックマーカー）をそれぞれ使って表現。

【ラフスケッチB】

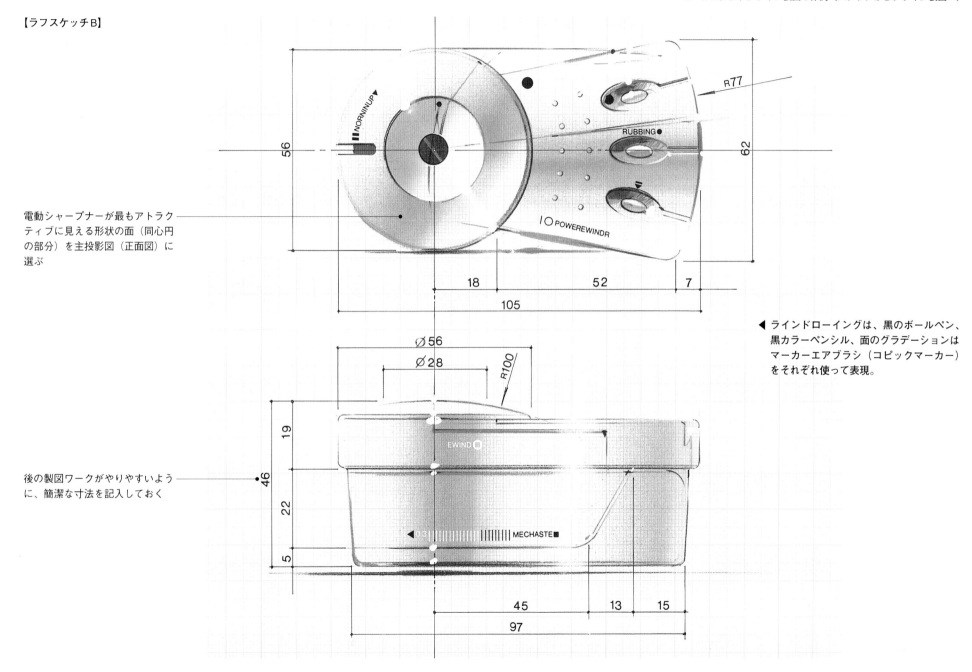

電動シャープナーが最もアトラク
ティブに見える形状の面（同心円
の部分）を主投影図（正面図）に
選ぶ

◀ ラインドローイングは、黒のボールペン、
黒カラーペンシル、面のグラデーションは
マーカーエアブラシ（コピックマーカー）
をそれぞれ使って表現。

後の製図ワークがやりやすいよう
に、簡潔な寸法を記入しておく

5・A・3 デザイン外形図の作成

ラフスケッチのデザイン【ラフスケッチB】に基づき、三角法で正面図、平面図、側面図、背面図、断面図を原寸大で描いていく。

Stage（1）　作図をする前に、主投影図（正面図）、平面図、側面図、背面図、断面図の方向と位置関係をラフドローイングで検討する。同時に表題欄や寸法記入のスペースも含め図面全体のレイアウトも検討しておく。

備考：検討図は方眼紙、ケント紙やトレーシングペーパーなど任意の用紙に、カラーペンシル、ボールペンを使い原寸大でドローイングする。

Stage（2）　Stage（1）でラフに描いた各図形のレイアウトを基にして、投影図の中心線を細線で引く。

備考：通常、図面はトレーシングペーパーにシャープペンシルを使って描く。シャープペンシルは芯研ぎの手間が省けるという理由から、製図用筆記具の主流となっている（HB〜2Hくらいまでの芯が最も多く使われる）。なお、インキング（墨いれ）の作図には製図ペンが使いやすい。

Stage（1）

Stage（2）

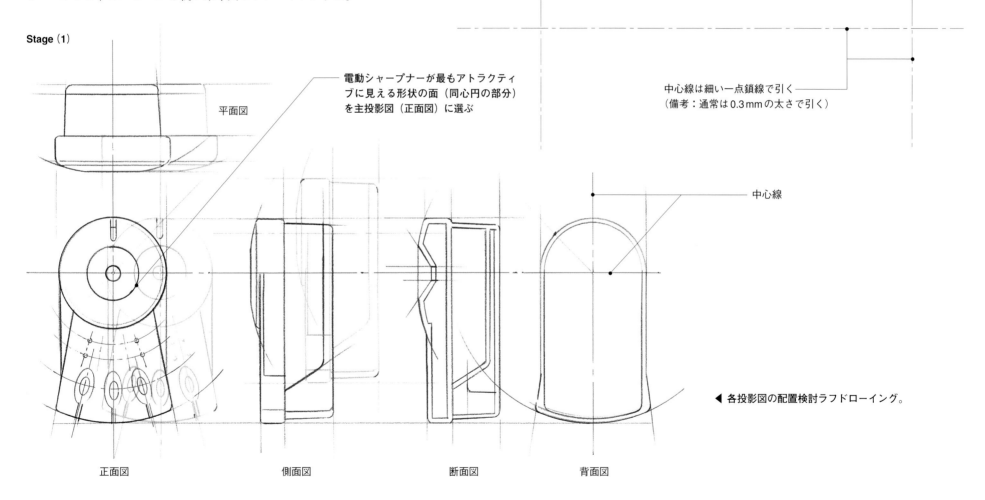

平面図

電動シャープナーが最もアトラクティブに見える形状の面（同心円の部分）を主投影図（正面図）に選ぶ

中心線は細い一点鎖線で引く
（備考：通常は0.3mmの太さで引く）

中心線

正面図　　　側面図　　　断面図　　　背面図

◀ 各投影図の配置検討ラフドローイング。

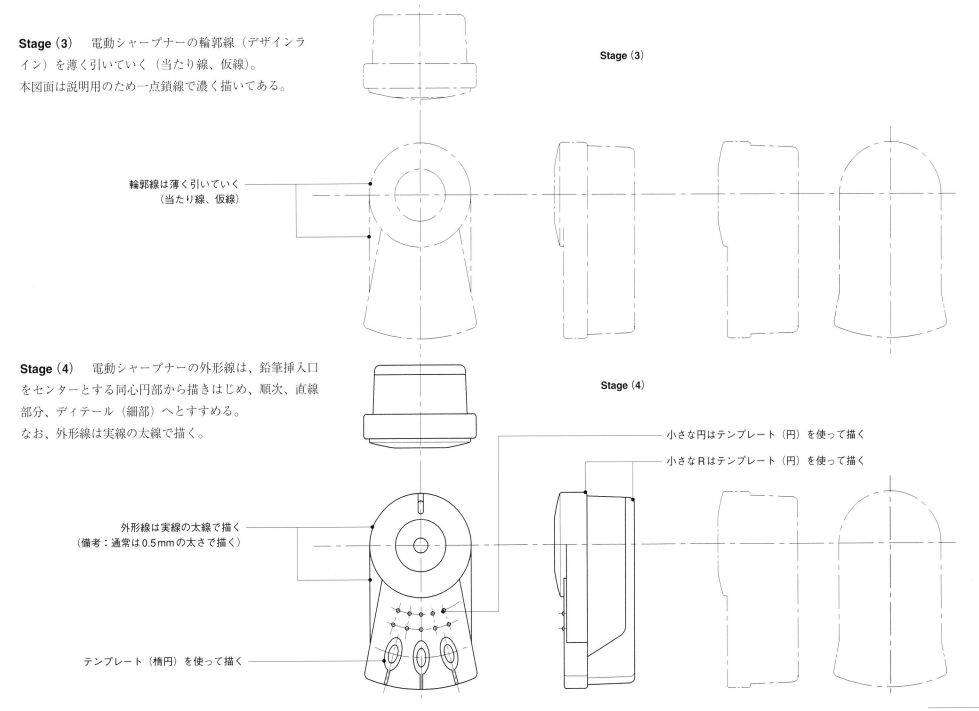

Stage（3）　電動シャープナーの輪郭線（デザインライン）を薄く引いていく（当たり線、仮線）。
本図面は説明用のため一点鎖線で濃く描いてある。

Stage（3）

輪郭線は薄く引いていく
（当たり線、仮線）

Stage（4）　電動シャープナーの外形線は、鉛筆挿入口をセンターとする同心円部から描きはじめ、順次、直線部分、ディテール（細部）へとすすめる。
なお、外形線は実線の太線で描く。

Stage（4）

小さな円はテンプレート（円）を使って描く

小さなRはテンプレート（円）を使って描く

外形線は実線の太線で描く
（備考：通常は0.5mmの太さで描く）

テンプレート（楕円）を使って描く

シン調節切替スイッチ部の詳細図

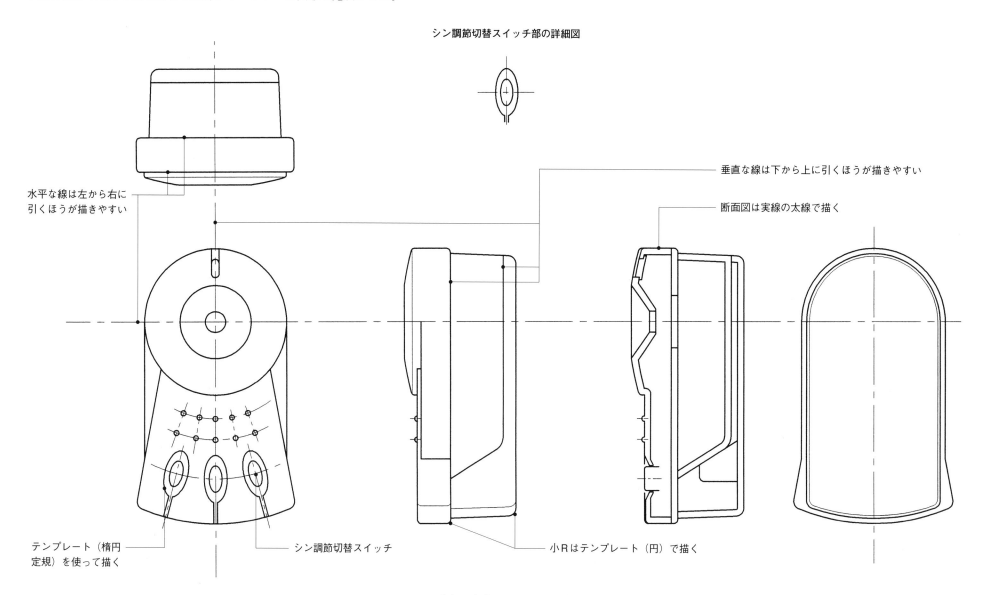

水平な線は左から右に
引くほうが描きやすい

垂直な線は下から上に引くほうが描きやすい

断面図は実線の太線で描く

テンプレート（楕円
定規）を使って描く

シン調節切替スイッチ

小Rはテンプレート（円）で描く

▲ Stage（5）　完成した電動シャープナーの図形。

Stage（6）

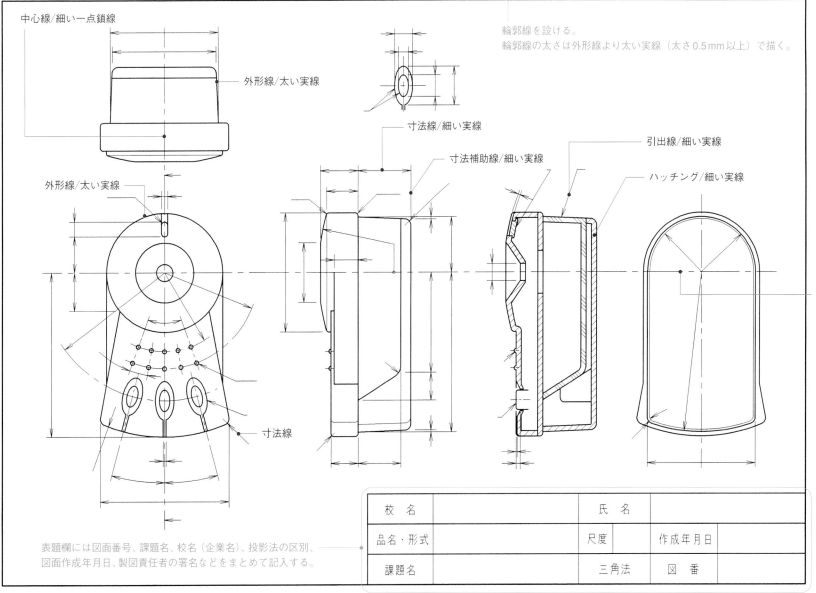

中心線／細い一点鎖線

外形線／太い実線

輪郭線を設ける。
輪郭線の太さは外形線より太い実線（太さ0.5mm以上）で描く。

寸法線／細い実線

寸法補助線／細い実線

引出線／細い実線

外形線／太い実線

ハッチング／細い実線

寸法線

中心線／細い一点鎖線

表題欄には図面番号、課題名、校名（企業名）、投影法の区別、
図面作成年月日、製図責任者の署名などをまとめて記入する。

校　名		氏　名	
品名・形式		尺度	作成年月日
課題名		三角法	図　番

Stage（6）　必要に応じ、断面形状を表す部分には細い実線でハッチングをいれる。次に、寸法補助線、寸法線、引出線を細い実線で引き、寸法線や引出線に矢印を付加する。

備考：通常、寸法線、寸法補助線、引出線、ハッチングはそれぞれ0.3mmの太さで描く。

Stage（7）　mmの単位で寸法数字を記入し、ペンシルシャープナーのデザイン外形図面を完成させる。

備考：引出線を引いた箇所には部品名や仕様を記入する。表題欄には尺度、品名など必要事項を書き入れる。

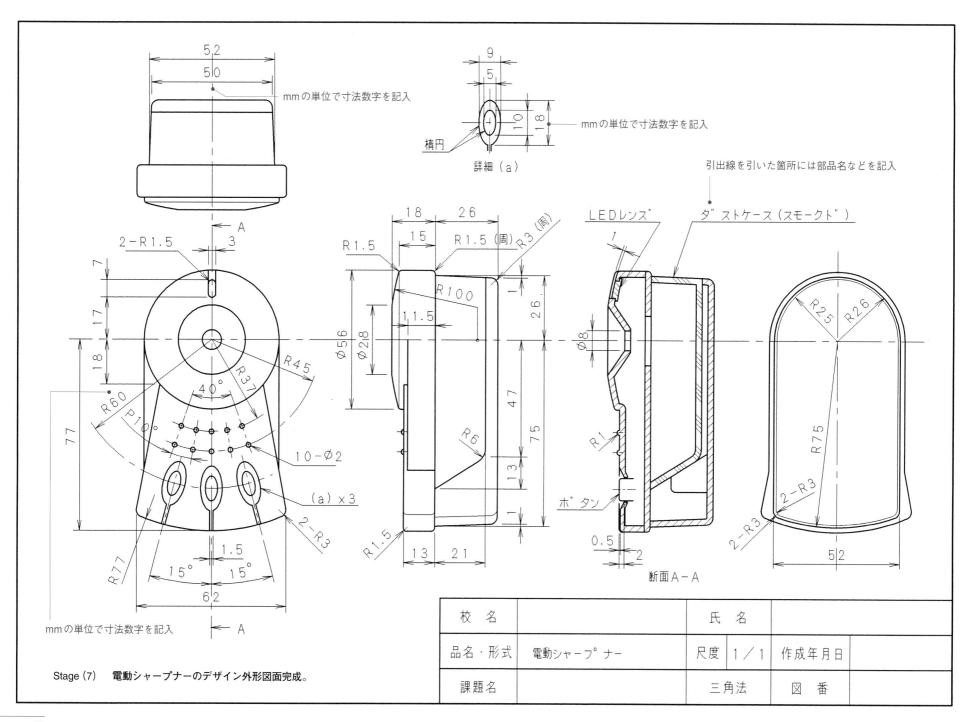

mmの単位で寸法数字を記入

詳細（a）

楕円

mmの単位で寸法数字を記入

引出線を引いた箇所には部品名などを記入

ダストケース（スモークド）

LEDレンズ

2-R1.5

10-Φ2

(a)×3

断面A-A

ボタン

mmの単位で寸法数字を記入

Stage（7）　電動シャープナーのデザイン外形図面完成。

校　名			氏　名		
品名・形式	電動シャープナー		尺度	1／1	作成年月日
課題名			三角法		図　番

38

5・B デジタルカメラのデザイン

"ソリッド感と精緻感" がスタイリングキーワード。

小さな直方体ボディーに小型レンズユニットを複合し、基本的な形態を決め、さらに表面や複合した様々なハイテクパーツの形状を変化発展させ、合目的のデザインにまとめた。

ブラック合金ボディーの質感とハイテクパーツがおりなすメカニカルフィーリングは、スタイリングキーワードに合致したデザインといえる。

5・B・1 三面レンダリング

スタイリングキーワードに基づき、デジタルカメラの造形アイディアをレンダリングで表現していく。

備考：デジタルカメラはサイズが小さいため、透視図による造形展開スケッチでは、その形状のディテールが把握しにくい。ここでは、デジタルカメラの形態やディテールが把握しやすいように、原寸大の三面レンダリングで表現している。

PMパッド白用紙に、ダークグレイスケールのマーカーエアブラシを使って描いてある。
なお、【レンダリングB】、【レンダリングC】、【レンダリングD】は背景にカラーペーパーの台紙を使用。

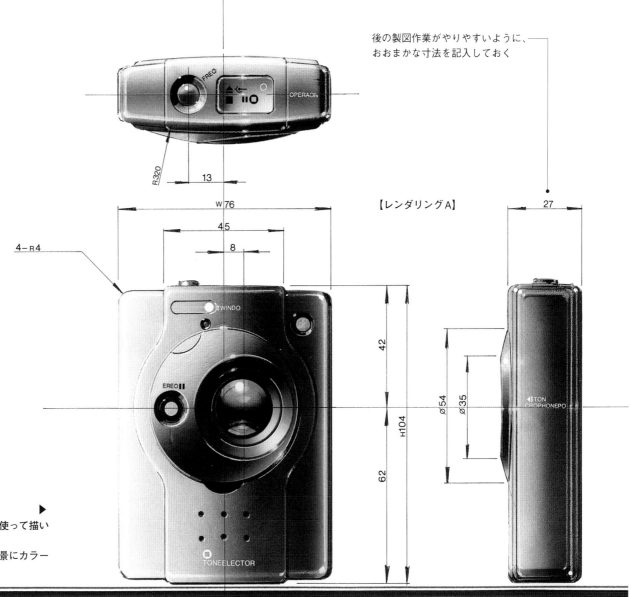

後の製図作業がやりやすいように、おおまかな寸法を記入しておく

【レンダリングA】

▼ レンダリングはPMパッドに、ダークグレイスケールのマーカーエアブラシを使って表現。
　なお、【レンダリングB】、【レンダリングC】、【レンダリングD】は背景にカラーペーパーの台紙を使用。

後の製図作業がやりやすいように、おおまかな寸法を記入しておく

液晶表示パネル

W 74

62

光学ファインダー窓

26

20

φ 60

H 104

レンズ

【レンダリングB】

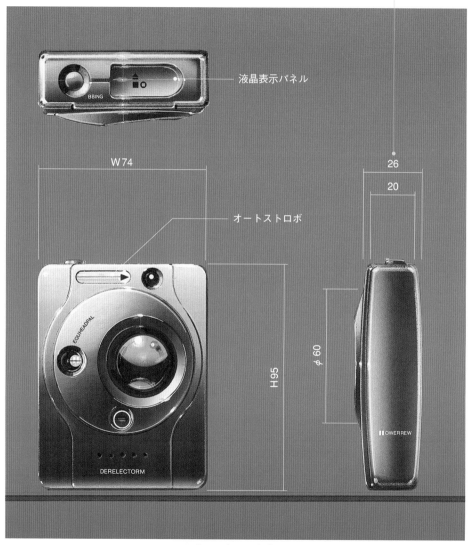

液晶表示パネル

W 74

オートストロボ

26

20

φ 60

H 95

【レンダリングC】

【レンダリングD】

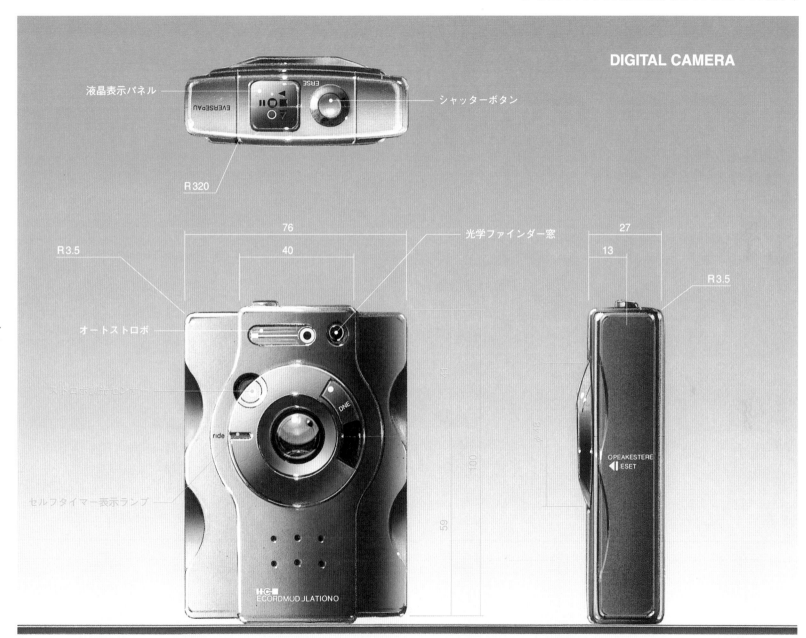

DIGITAL CAMERA

液晶表示パネル ─── ERSE

EVERSEPAU

シャッターボタン

R320

76

40

光学ファインダー窓

R3.5

オートストロボ

27

13

R3.5

レンダリングは、だれが見ても、
造形の意図が十分に理解できる
レベルに表現する。

ride

DNE

OPEAKESTERE
◀ ESET

59

H･C
ECORDMOD JLATIONO

5・B・2 デザイン外形図の作成

　三面レンダリングで表現したデジタルカメラのデザイン【レンダリングD】を基に
して、三角法により正面図、平面図、側面図などを原寸大で描いていく。

Stage（1）　検討図（スケッチ図）の作成。
【レンダリングD】を基本に、線描きでディ
テール（細部）の造形を検討する。同時に、
主投影図（正面図）、平面図、側面図、下
面図、断面図の方向と位置関係も検討して
おく。ここでは、トレーシングペーパーに、
カラーペンシル、ボールペンやマーカーペ
ンなどを使って線描。

Stage（1）

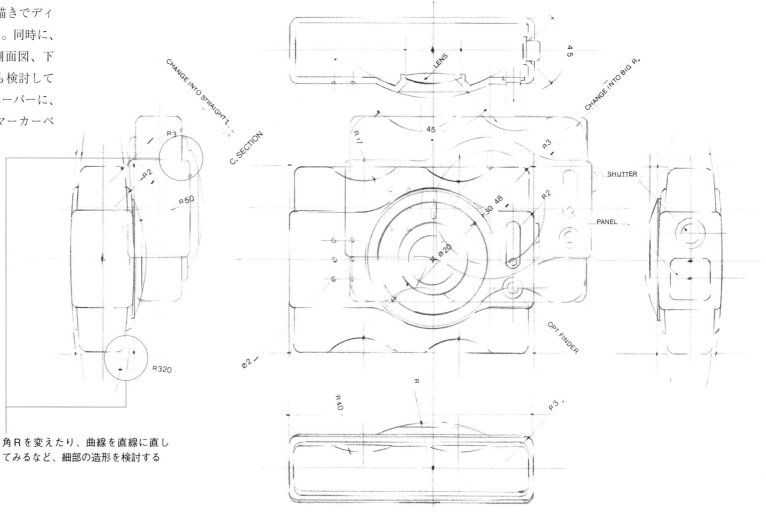

角Rを変えたり、曲線を直線に直し
てみるなど、細部の造形を検討する

▲ ディテール（細部）の造形や図形の配置を検討するために描いた原寸大ラフラインドローイング（スケッチ図）。

Stage（2）　Stage（1）で作成した検討図（スケッチ図）を基に、投影図の中心線を細線で引いていく。

備考：通常、図面はトレーシングペーパーにシャープペンシルを使って描く。シャープペンシルは芯研ぎの手間が省けるという理由から、製図用筆記具の主流となっている（HB～2Hくらいまでの芯が最も多く使われる）。なお、インキング（墨いれ）の作図には製図ペンが使いやすい。

Stage（3）　デジタルカメラの輪郭線（デザインライン）を薄く引いていく（当たり線、仮線）。本図面は説明用のため一点鎖線で濃く描いてある。

Stage（2）

Stage（3）

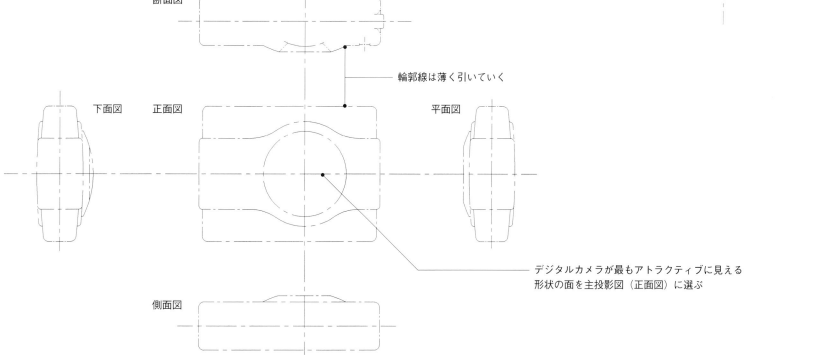

中心線は細い一点鎖線で引く
（備考：通常は0.3mmの太さで引く）

断面図

輪郭線は薄く引いていく

下面図　正面図　平面図

側面図

デジタルカメラが最もアトラクティブに見える形状の面を主投影図（正面図）に選ぶ

Stage（4） 外形線は、正面図のレンズユニットを中心とする部分から描きはじめ、
順次、直線部分、細部へとすすめる。なお、外形線は実線の太線で描く。

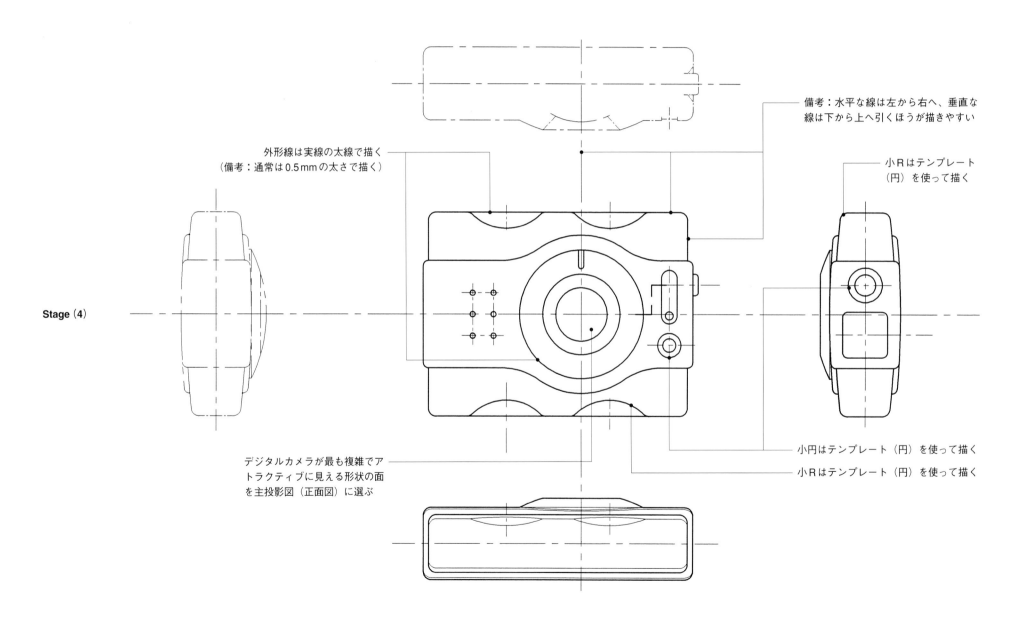

備考：水平な線は左から右へ、垂直な
線は下から上へ引くほうが描きやすい

外形線は実線の太線で描く
（備考：通常は 0.5 mm の太さで描く）

小 R はテンプレート
（円）を使って描く

Stage（4）

デジタルカメラが最も複雑でア
トラクティブに見える形状の面
を主投影図（正面図）に選ぶ

小円はテンプレート（円）を使って描く

小 R はテンプレート（円）を使って描く

Stage（5） 全体断面図、部分断面図などを実線の太線で描き、いらないはみ出し
線や仮線を消してデジタルカメラの図形を完成させる。必要に応じ、断面形状を表す
部分には細い実線でハッチングをいれる。

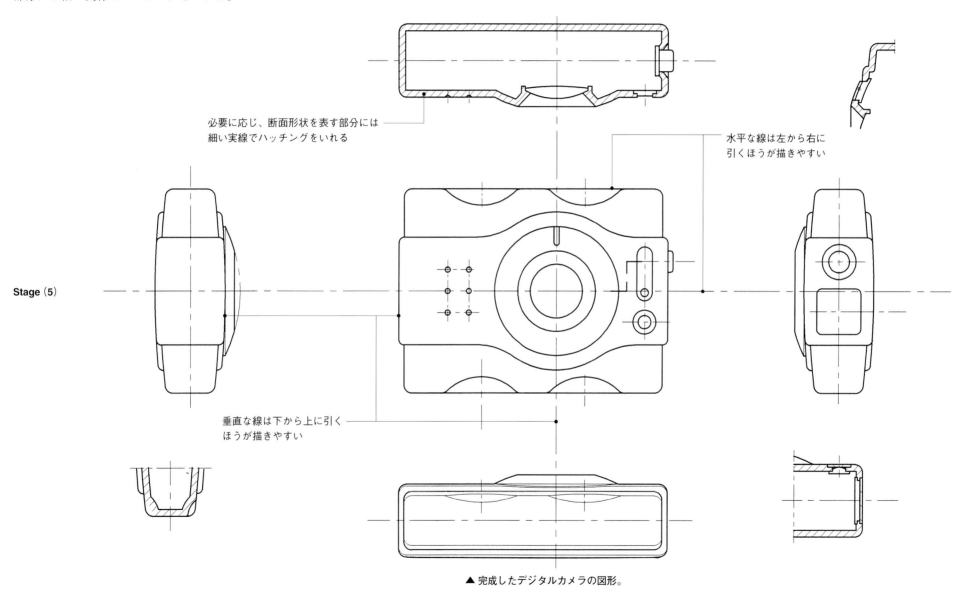

必要に応じ、断面形状を表す部分には
細い実線でハッチングをいれる

水平な線は左から右に
引くほうが描きやすい

Stage（5）

垂直な線は下から上に引く
ほうが描きやすい

▲ 完成したデジタルカメラの図形。

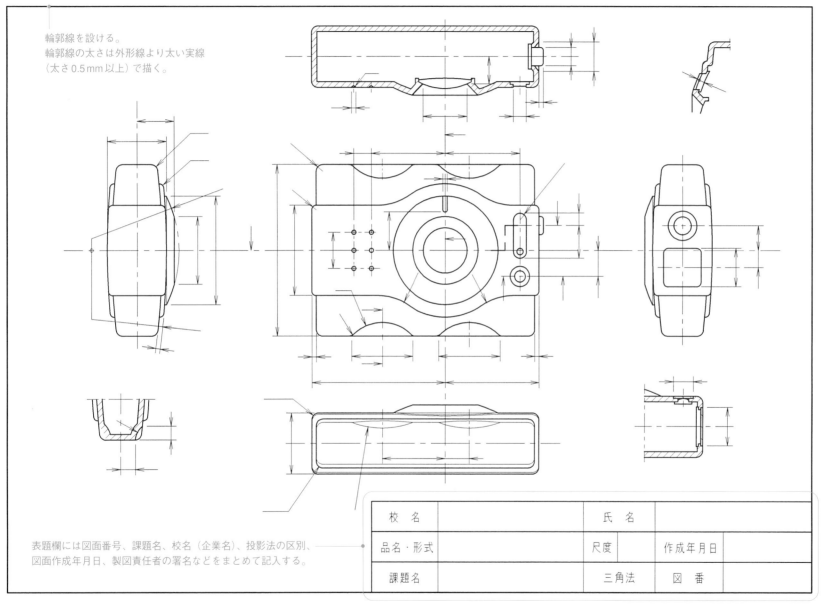

輪郭線を設ける。
輪郭線の太さは外形線より太い実線
（太さ0.5mm以上）で描く。

表題欄には図面番号、課題名、校名（企業名）、投影法の区別、
図面作成年月日、製図責任者の署名などをまとめて記入する。

校　名		氏　名	
品名・形式		尺　度	作成年月日
課題名		三角法	図　番

Stage（6）　寸法補助線、寸法線を細い実線で引き、寸法線に矢印をつける。

備考：通常、寸法線、寸法補助線、ハッチングはそれぞれ0.3mmの太さで描く。

Stage（7）　mmの単位で寸法数字を記入し、デジタルカメラのデザイン外形図面を完成させる。表題欄には尺度、品名など必要事項を書き入れる。

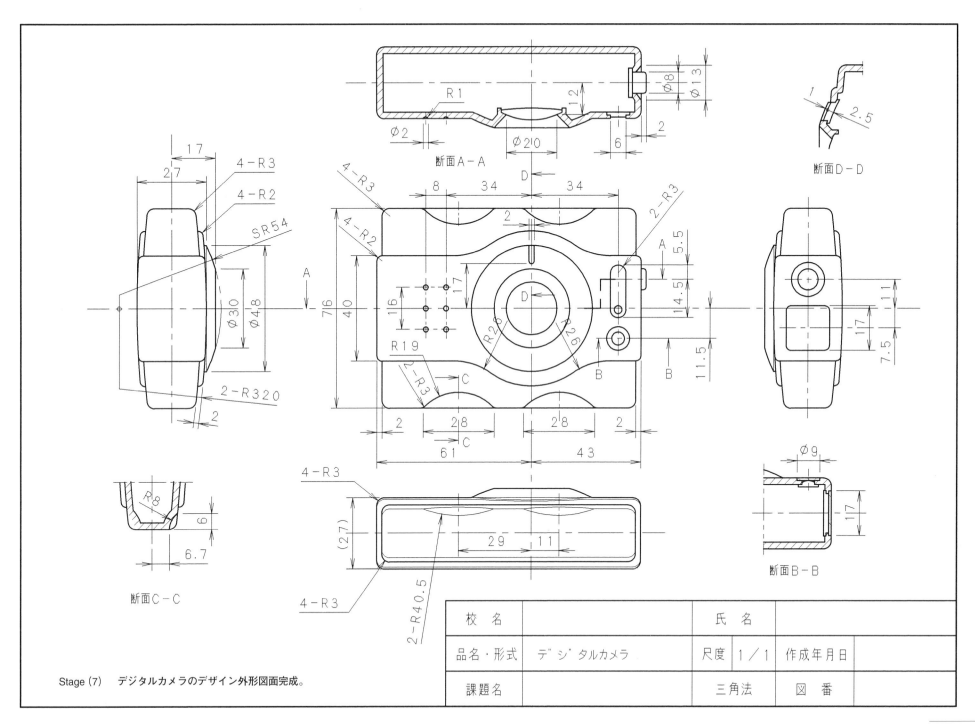

断面A−A

断面D−D

断面C−C

断面B−B

Stage (7)　デジタルカメラのデザイン外形図面完成。

校 名		氏 名			
品名・形式	デジタルカメラ	尺度	1／1	作成年月日	
課題名		三角法		図 番	

5・C マーカースタンドのデザイン

"場所をとらないマーカースタンド"をデザインコンセプションにデザインしたコピック専用マーカースタンドである。

小さな容器に効率よく収納でき、しかも取り出しやすいように2面に3列ずつ交差させて配列した36本用のプラスチック製スタンド。

縦に積み重ねたり、横に並べたり、置き方は自由自在、デスクのスペースに合わせて使えるデザインになっている。

5・C・1 アイディアスケッチ

デザインコンセプションに基づき、さまざまなマーカースタンドの造形アイディアをスケッチで展開し、表現する。

アイディアスケッチは、速乾性と簡便性から現在最も使用頻度の高いボールペン、マーカーといった、いわゆるドライメディアを使い描写。

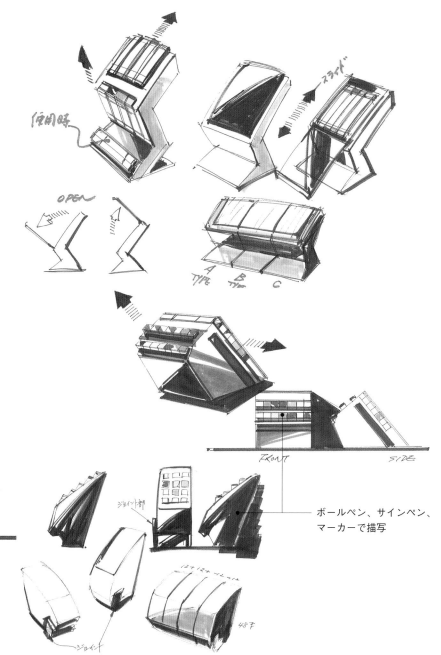

ボールペン、サインペン、マーカーで描写

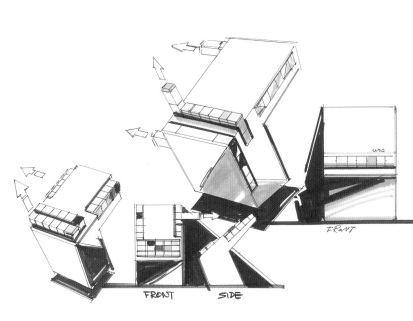

マーカースタンドのアイディアスケッチの一部。▲

5·C·2 レンダリング

多くのアイディアスケッチのなかから、諸条件に適合するデザインを選び、レンダリングにつなげる。レンダリングはマーカースタンドの形態、構造、材質、寸法など、だれが見ても、そのデザインの意図が理解できるレベルに表現する。

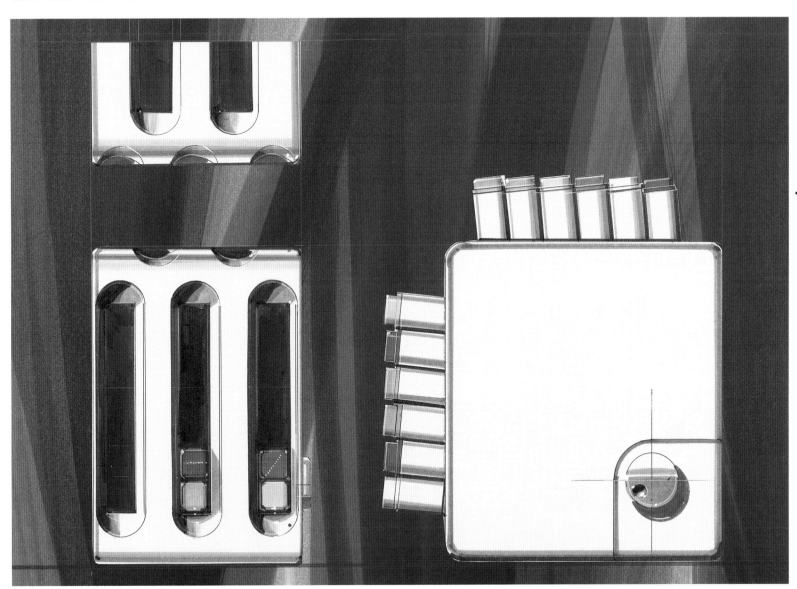

◀ マーカースタンドの三面レンダリング（完成予想スケッチ）。マーカーを使い原寸大で描写。

5·C·3 デザイン外形図の作成

　レンダリングのデザインに基づき、三角法により正面図、平面図、側面図、底面図、断面図を原寸大で描いていく（作図例は説明用のため1/2縮小サイズで描いてある）。

Stage（1）　作図する前に、主投影図（正面図）、平面図、側面図、底面図、断面図の方向と位置関係をラフドローイングで検討する。同時に表題欄や寸法記入のスペースも含め図面全体のレイアウトも検討しておく。

Stage（2）　Stage（1）で描いた検討図を基にして、マーカースタンドの投影図（図形）の中心線と基準線を細線で描いていく。

備考：通常、図面はトレーシングペーパーにシャープペンシルを使って描く。シャープペンシルは芯研ぎの手間が省けるという理由から、製図用筆記具の主流となっている（HB〜2Hくらいまでの芯が最も多く使われる）。なお、インキング（墨いれ）の作図には製図ペンが使いやすい。

Stage（3）　マーカースタンドの輪郭線（デザインライン）を薄く引いていく（当たり線、仮線）。本図面は説明用のため、一点鎖線で濃く描いてある。

Stage（2）

中心線は細い一点鎖線で描く
（備考：通常は0.3mmの太さで引く）

基準線は細線で薄く描く

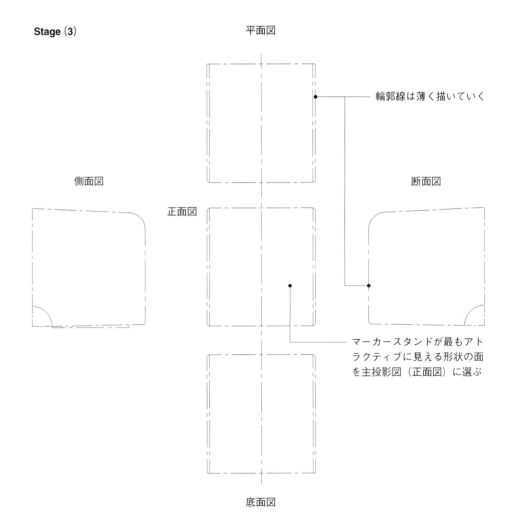

Stage（3）

平面図

輪郭線は薄く描いていく

側面図

正面図

断面図

マーカースタンドが最もアトラクティブに見える形状の面を主投影図（正面図）に選ぶ

底面図

Stage（4） マーカースタンドの外形線は、正面図から描きはじめ、順次、平面図、側面図、底面図、断面図へとすすめていく。なお、外形線は実線の太線で描く。

Stage（4）

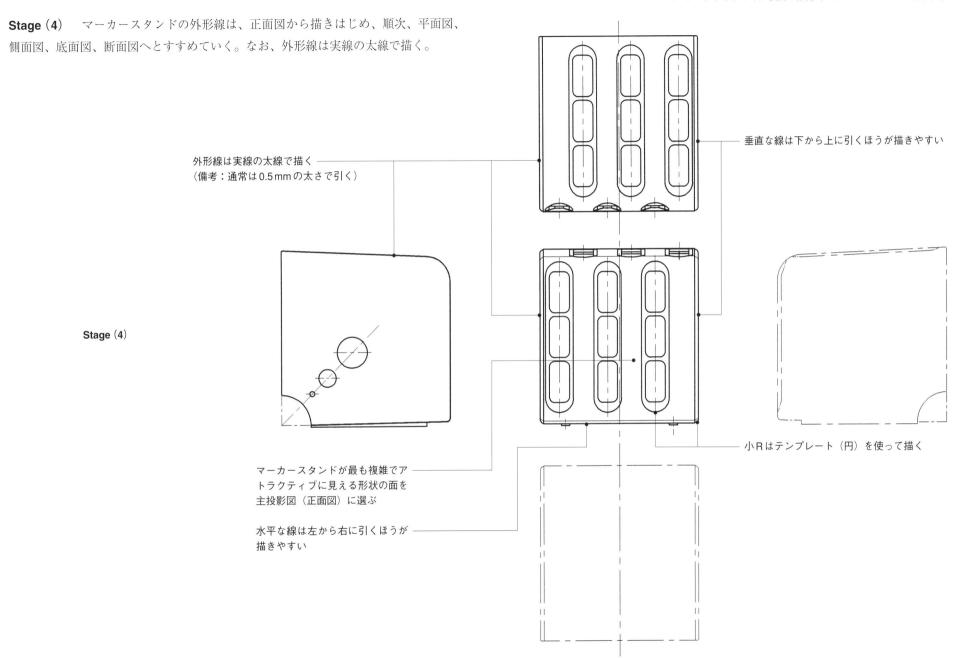

外形線は実線の太線で描く
（備考：通常は0.5mmの太さで引く）

垂直な線は下から上に引くほうが描きやすい

小Rはテンプレート（円）を使って描く

マーカースタンドが最も複雑でアトラクティブに見える形状の面を主投影図（正面図）に選ぶ

水平な線は左から右に引くほうが描きやすい

Stage（5）　断面図、断面の拡大図なども実線の太線で描き、不要な
仮線や当たり線を消してマーカースタンドの図形を完成させる。なお、
必要に応じ、断面形状を表す部分には細い実線でハッチングをいれる。

断面の拡大図

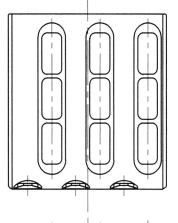

必要に応じ、断面形状を表す部分には
細い実線でハッチングをいれる

小円はテンプレート（円）を
使って描く

Stage（5）

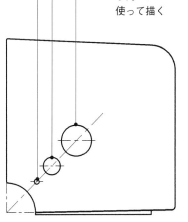

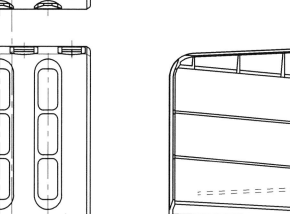

▲ 完成したマーカースタンドの図形。

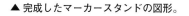

Stage（6）

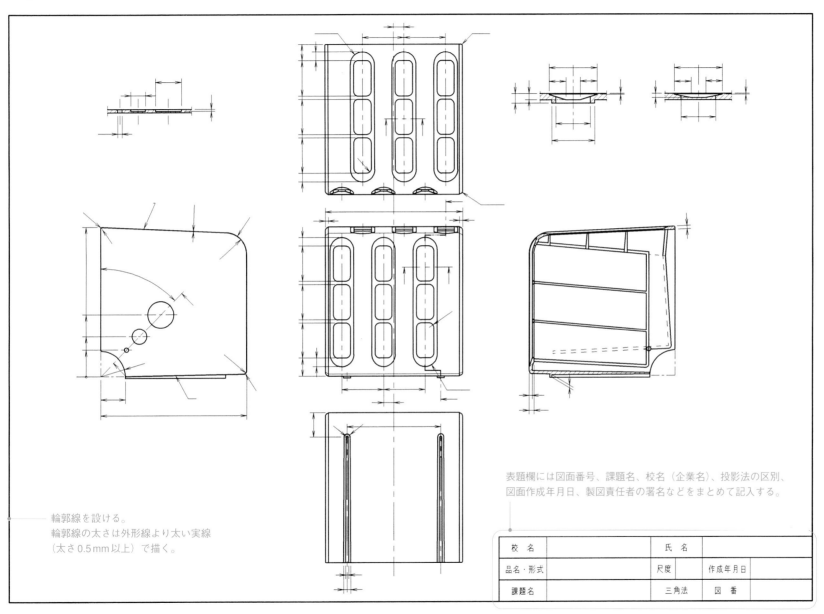

輪郭線を設ける。
輪郭線の太さは外形線より太い実線
（太さ0.5 mm以上）で描く。

表題欄には図面番号、課題名、校名（企業名）、投影法の区別、
図面作成年月日、製図責任者の署名などをまとめて記入する。

校　名		氏　名	
品名・形式		尺度	作成年月日
課題名		三角法	図　番

Stage（6） 寸法補助線、寸法線、引出線を細い実線で引き、寸法線や引出線に矢印を付加する。

備考：通常、寸法線、寸法補助線、引出線、ハッチングはそれぞれ0.3 mmの太さで描く。

Stage（7） mmの単位で寸法数字を記入し、マーカースタンドのデザイン外形図面を完成させる。

備考：引出線を引いた箇所には部品名や仕様を記入する。表題欄には尺度、品名など必要事項を書き入れる。

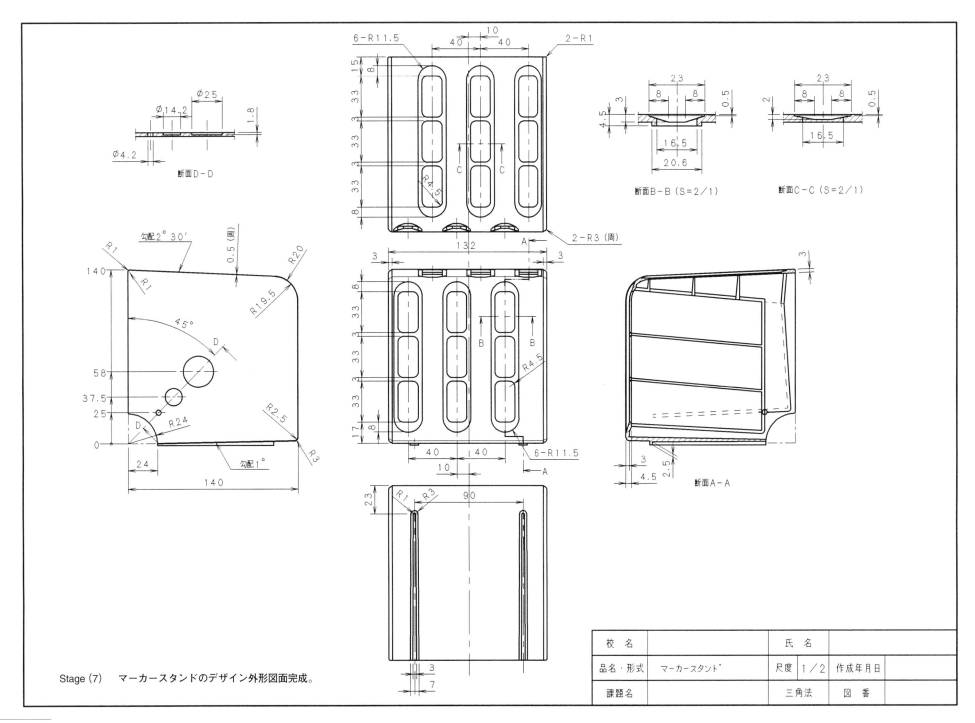

断面D−D

勾配2°30'　0.5（周）

R1　R1

R20
R19.5

45°

D

R24

D

R2.5

R3

勾配1°

140
58
37.5
25
0

24
140

6−R11.5　10　40　40　2−R1

15
8
33
3
33
3
33
8

C　C

R4.5

132　A

2−R3（周）

3　132　3

8
33
3
33
3
33
17
8

B　B

R4.5

40　40

10　A

6−R11.5

23　R1　R3　90

3
7

23　8　23
4.5　3
8　8　0.5
16.5
20.6

断面B−B（S=2/1）

2　23
8　8　0.5
16.5

断面C−C（S=2/1）

3

3
4.5　2.5

断面A−A

Stage（7）　マーカースタンドのデザイン外形図面完成。

校　名		氏　名		
品名・形式	マーカースタンド	尺度	1／2	作成年月日
課題名		三角法	図　番	

5·C·4 製品化されたマーカースタンド

　小さな容器に効率よく収納でき、しかも取り出しやすいように2面に3列ずつ交差させて配列した36本用のプラスチック製スタンド。

　縦に積み重ねたり、横に並べたり、置き方は自由自在、デスクのスペースに合わせて使えるデザインになっている。

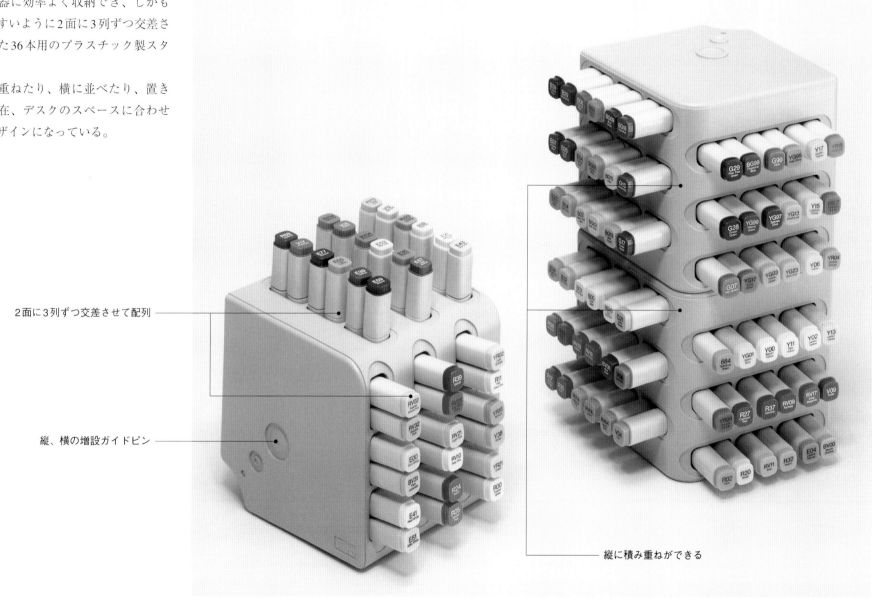

2面に3列ずつ交差させて配列

縦、横の増設ガイドピン

縦に積み重ねができる

製造販売：㈱TOO　デザイン：清水吉治・横沢和則・堀　秀弥

5・D 液晶ディスプレイのデザイン

　造形エクササイズのためにデザインした液晶ディスプレイである。

　ディスプレイが動的な形態では、それに目がうつり、画面の映像を落ちついてみることができないという理由から、本体正面はできるだけシンプルで静止的な造形にまとめている。

5・D・1 アイディアスケッチ

　コンセプトに基づき、液晶ディスプレイの造形アイディアをスケッチで展開していく。

　アイディアスケッチはPMパッド白に、ボールペン、カラーペンシル、グレイスケールマーカーや若干のカラーマーカーなどで表現。

液晶ディスプレイのアイディアスケッチの一部。▶

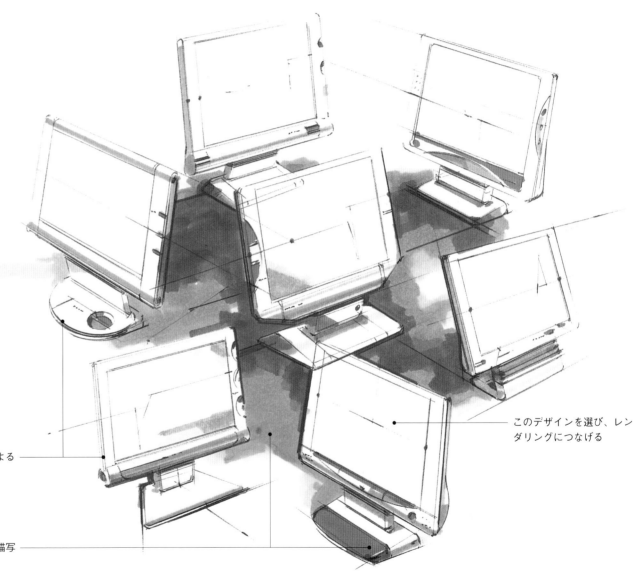

ラインドローイングは黒のボールペン、カラーペンシルによる

グレイスケールマーカー、カラーマーカーで簡潔に描写

このデザインを選び、レンダリングにつなげる

5·D·2 レンダリング

アイディアスケッチから選んだデザインを基に、第三者が見ても液晶ディスプレイ
の形態が十分に理解できるレベルのスケッチに表現する。

▶

マーカーエアブラシによる液晶ディス
プレイのパースペクティブ（透視図）
レンダリング。
備考：PMパッド白に、マゼンタ系や
グレイ系のマーカーエアブラシを使っ
て描写。なお、レンダリングは背景にカ
ラーペーパーの台紙を使用している。

5·D·3 デザイン外形図の作成

レンダリングで表現したデザインに基づき、三角法で正面図、平面図、側面図、断面図を描いていく。作例図は1/1サイズで描いてある。

Stage（1）　デザイン（"5·D·2 レンダリング" 参照）に基づき、液晶ディスプレイの造形や正面図、側面図、平面図、断面図の方向と位置関係などを三面ラインドローイングで検討する。同時に、表題欄や寸法記入のスペースも含め図面全体のレイアウトも検討しておく。

備考：検討図は方眼紙やトレーシングペーパーなど任意の用紙に、色鉛筆、ボールペンを使い原寸大でラインドローイングする。

Stage（1）

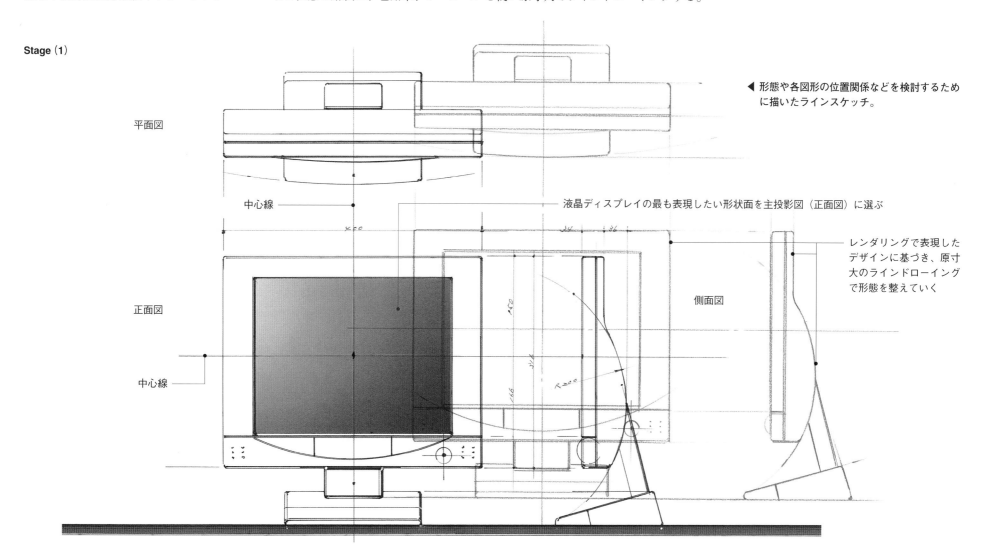

◀ 形態や各図形の位置関係などを検討するために描いたラインスケッチ。

平面図

中心線

液晶ディスプレイの最も表現したい形状面を主投影図（正面図）に選ぶ

レンダリングで表現したデザインに基づき、原寸大のラインドローイングで形態を整えていく

正面図

側面図

中心線

Stage（2）　Stage（1）で作成した検討図を基に、投影図の中心線を細線で引く。

備考：通常、図面はトレーシングペーパーにシャープペンシルを使って描く。シャープペンシルは芯研ぎの手間が省けるという理由から、製図用筆記具の主流となっている（HB～2Hくらいまでの芯が最も多く使われる）。なお、インキング（墨いれ）の作図には製図ペンが使いやすい。

Stage（3）　液晶ディスプレイの輪郭線（デザインライン）を薄く引いていく（当たり線、仮線）。本図面は説明用のため一点鎖線で濃く描いてある。

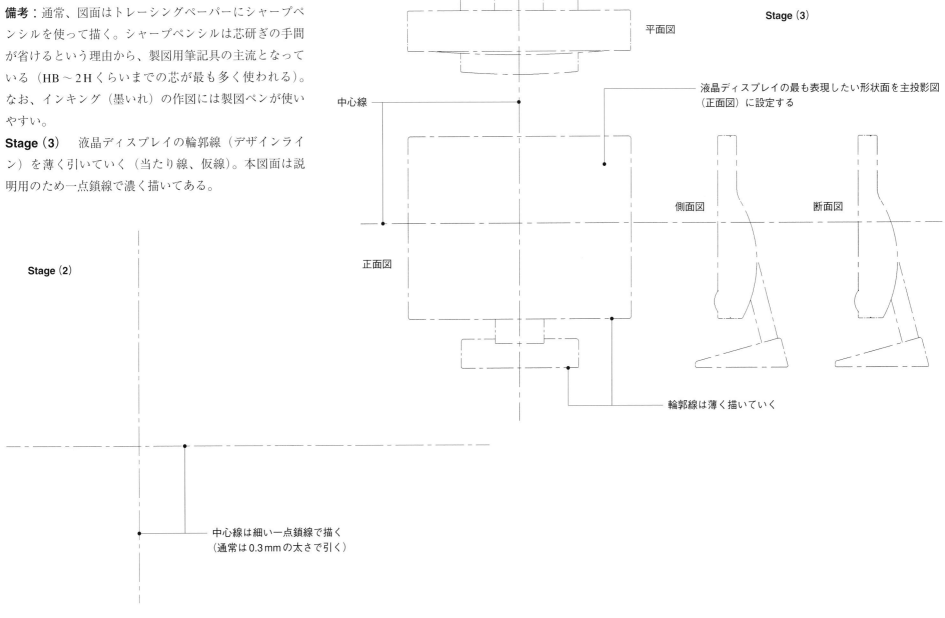

平面図

Stage（3）

中心線

液晶ディスプレイの最も表現したい形状面を主投影図（正面図）に設定する

側面図　　断面図

正面図

Stage（2）

輪郭線は薄く描いていく

中心線は細い一点鎖線で描く
（通常は0.3mmの太さで引く）

Stage（4）　外形線は、正面図から描きはじめ、順次、平面図、側面図、断面図へ
とすすめていく。なお、外形線は実線の太線で描く。

Stage（4）

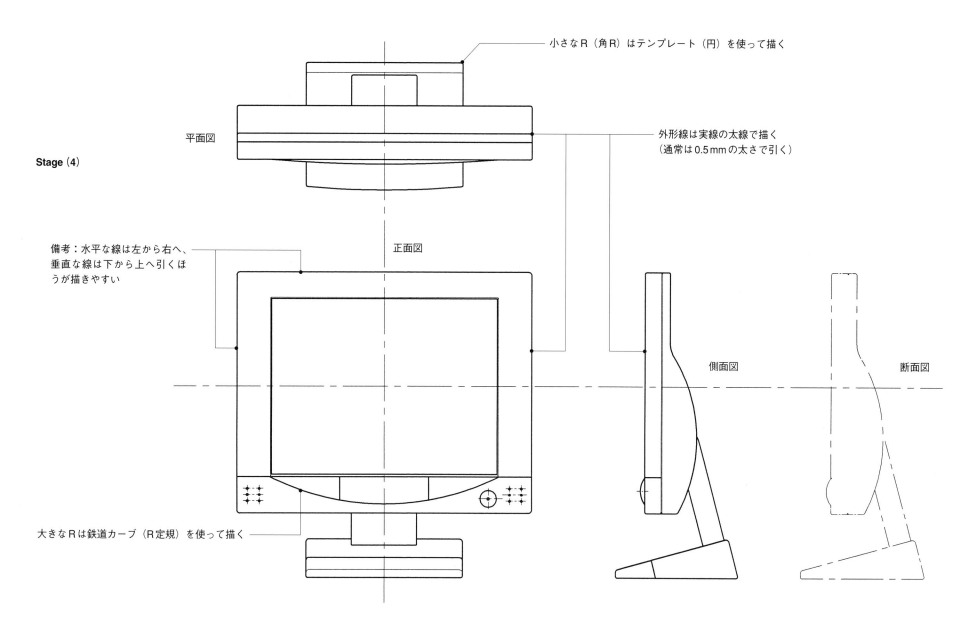

小さなR（角R）はテンプレート（円）を使って描く

平面図

外形線は実線の太線で描く
（通常は0.5mmの太さで引く）

備考：水平な線は左から右へ、
垂直な線は下から上へ引くほ
うが描きやすい

正面図

側面図

断面図

大きなRは鉄道カーブ（R定規）を使って描く

Stage（5）　本体断面図、部分断面図などを実線の太線で描き、いらないはみ出し線
や仮線を消して液晶ディスプレイの図形を完成させる。必要に応じ、断面形状を表す
部分には細い実線でハッチングをいれる。

▼ **完成した液晶ディスプレイの図形。**

Stage（5）

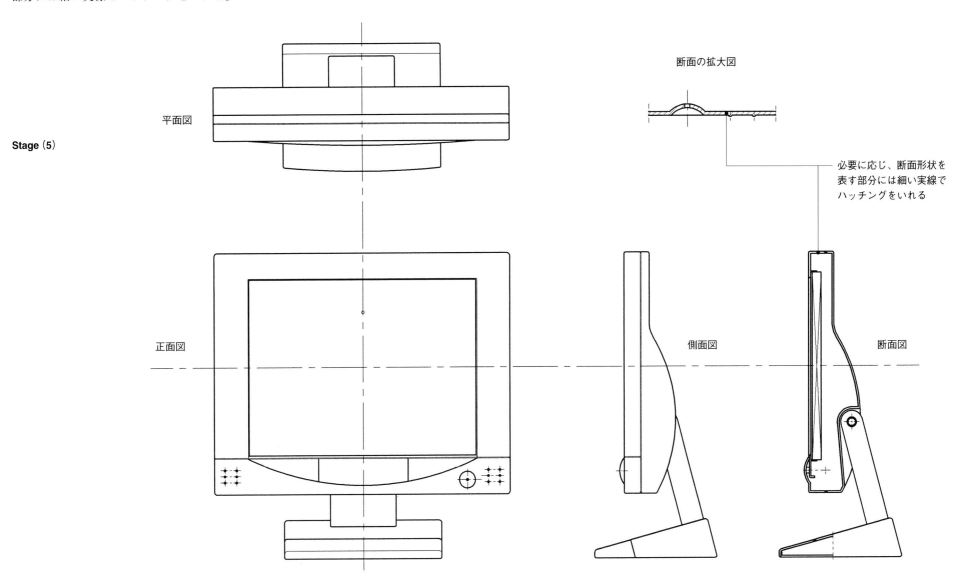

平面図

断面の拡大図

必要に応じ、断面形状を
表す部分には細い実線で
ハッチングをいれる

正面図

側面図

断面図

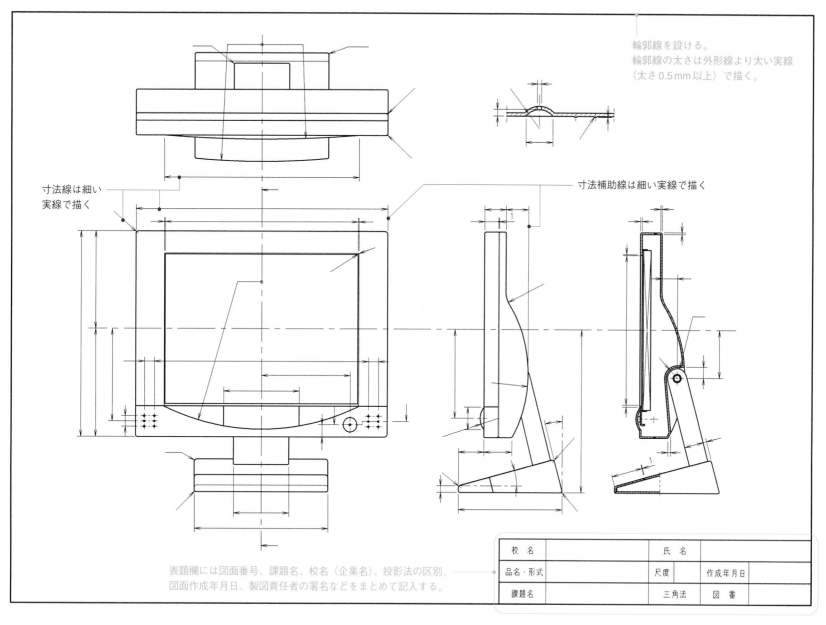

輪郭線を設ける。
輪郭線の太さは外形線より太い実線
（太さ0.5mm以上）で描く。

寸法線は細い
実線で描く

寸法補助線は細い実線で描く

表題欄には図面番号、課題名、校名（企業名）、投影法の区別、
図面作成年月日、製図責任者の署名などをまとめて記入する。

校　名		氏　名		
品名・形式		尺度	作成年月日	
課題名		三角法	図　番	

Stage（6）　寸法補助線、寸法線を細い実線で引き、寸法線に矢印を付加する。

備考：通常、寸法線、寸法補助線、ハッチングはそれぞれ0.3mmの太さで描く。

Stage（7）　mmの単位で寸法数字を記入し、液晶ディスプレイのデザイン外形図面を完成させる。

備考：表題欄には尺度、品名など必要事項を書き入れる。

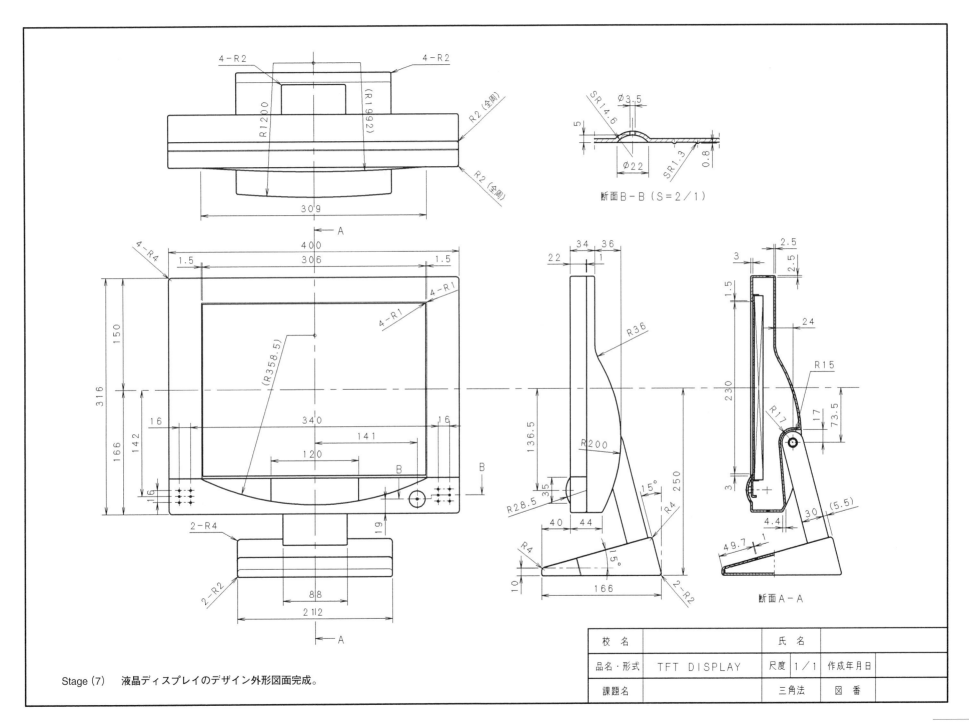

断面B-B (S=2/1)

断面A-A

Stage (7)　液晶ディスプレイのデザイン外形図面完成。

校　名		氏　名	
品名・形式	TFT DISPLAY	尺度	1／1	作成年月日	
課題名		三角法	図　番	

63

5·E クリーナーのデザイン

　スタイリングエクササイズのために作図したクリーナー本体のデザインである。ク
リーナーにふさわしい"ロータリーフォルム"がスタイリングのキーワード。シリン
ダーを基本形に選び、これに大きなキャスターやハンドル受台などの立体を複合させ、
目的のデザインにまとめている。

5·E·1 アイディアスケッチ

　スタイリングキーワードに沿い、クリーナーの造形をアイディアスケッチで展開し、
表現する。基本形態であるシリンダーのサークル部分の造形表現がしやすいようにと、
アイディアスケッチは正面図で描写。

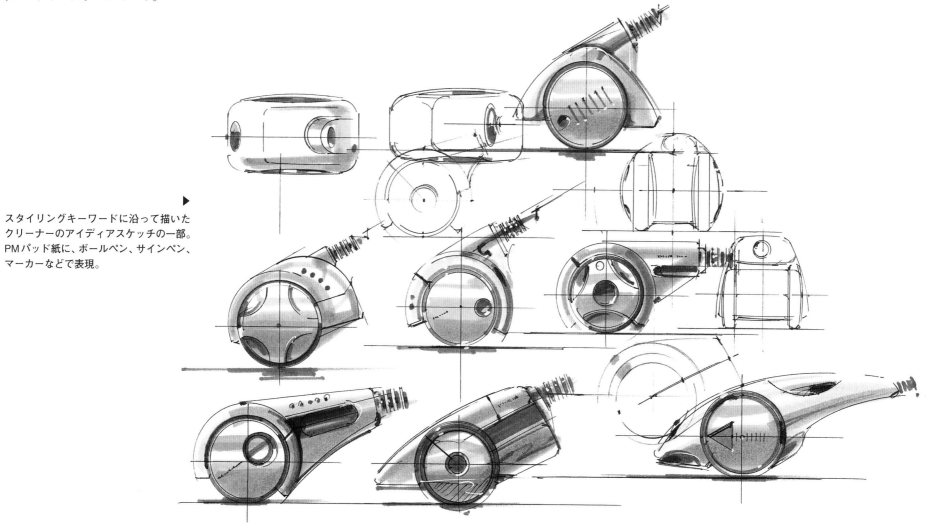

▶ スタイリングキーワードに沿って描いた
クリーナーのアイディアスケッチの一部。
PMパッド紙に、ボールペン、サインペン、
マーカーなどで表現。

5・E・2 造形を検討するためのラインスケッチ

アイディアスケッチからよいデザインを数点選び、これをベースに原寸大のラインスケッチで造形を展開、検討する。

クリーナー全体や部分の造形が検討しやすいように、三面（正面、平面、側面）を原寸大でドローイングする。トレーシングペーパーに、カラーペンシル、ボールペン、マーカーなどで表現。

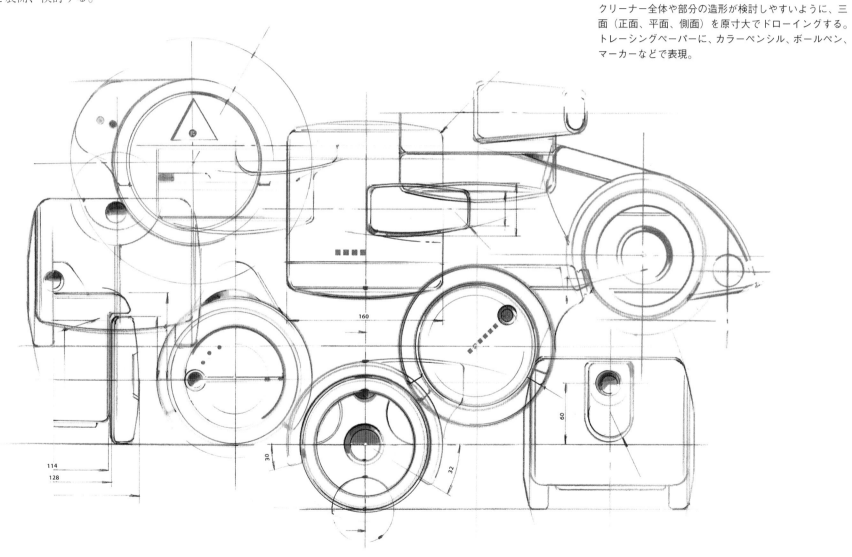

▲ 造形検討のために描いた原寸大のラインスケッチ。

5·E·3 レンダリング

5·E·2でまとめた造形に基づき、第三者が見ても、クリーナーの形態、カラーリン
グなどが理解できるレベルのスケッチに仕上げる。

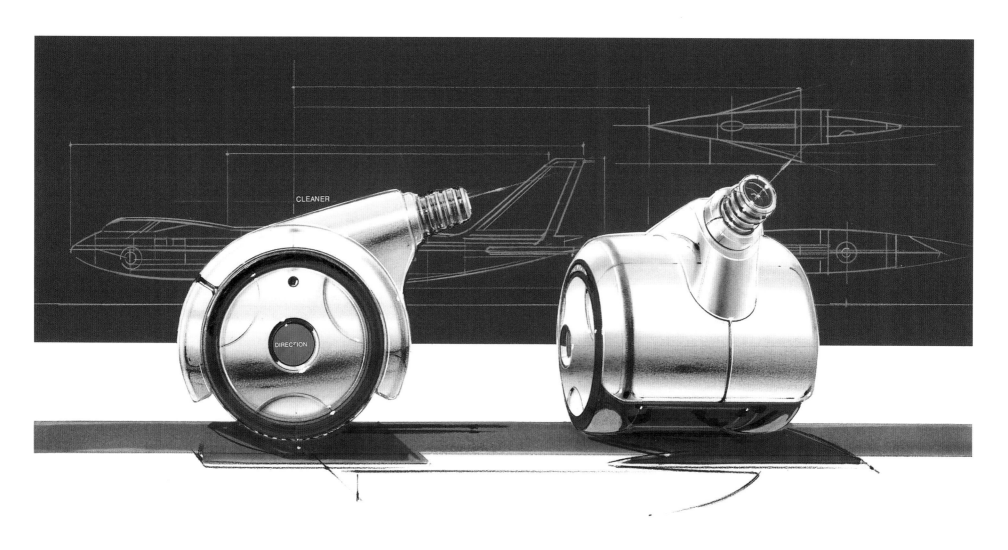

▲ 造形が把握しやすいように、透視図によるレンダリングも付加してある。
レンダリングはPMパッド白に、マーカー、パステルベースで描写。

5・E・4 デザイン外形図の作成

　レンダリングのデザインに基づき、三角法により正面図、平面図、側面図、断面図を原寸大で描いていく（作図例は説明用のため1/2縮小サイズで描いてある）。

Stage（1）　作図する前に、主投影図（正面図）、平面図、側面図、断面図の方向と位置関係を検討する。同時に、表題欄や寸法記入のスペースも含め図面全体のレイアウトも検討しておく。検討図を基に、クリーナーの輪郭線と中心線を描いていく。

Stage（2）　外形線はクリーナーの正面図の円部分から描きはじめ、順次、平面図、側面図、断面図へとすすめる。外形線は実線の太線で描く。

Stage（2）

Stage（1）

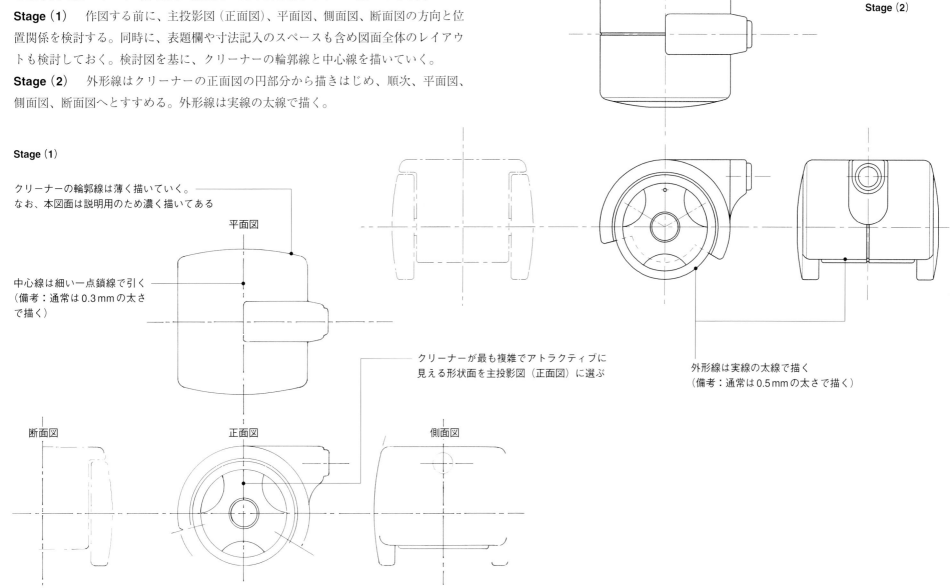

クリーナーの輪郭線は薄く描いていく。
なお、本図面は説明用のため濃く描いてある

平面図

中心線は細い一点鎖線で引く
（備考：通常は0.3mmの太さ
で描く）

断面図

正面図

側面図

クリーナーが最も複雑でアトラクティブに
見える形状面を主投影図（正面図）に選ぶ

外形線は実線の太線で描く
（備考：通常は0.5mmの太さで描く）

断面図、断面の拡大図なども実線の太線で描き、不要な仮線や当たり
線を消してクリーナー本体の図形を完成させる。なお、必要に応じ、断面形状を表す
部分には細い実線でハッチングをいれる。

大きなRは鉄道カーブ（R定規）を使って描く

小Rはテンプレート（円）を使って描く

Stage（3）

断面の拡大図

垂直な線は下から上に引くほうが描きやすい

必要に応じ、断面形状を表す部分には
細い実線でハッチングをいれる

水平な線は左から右に引くほうが描きやすい

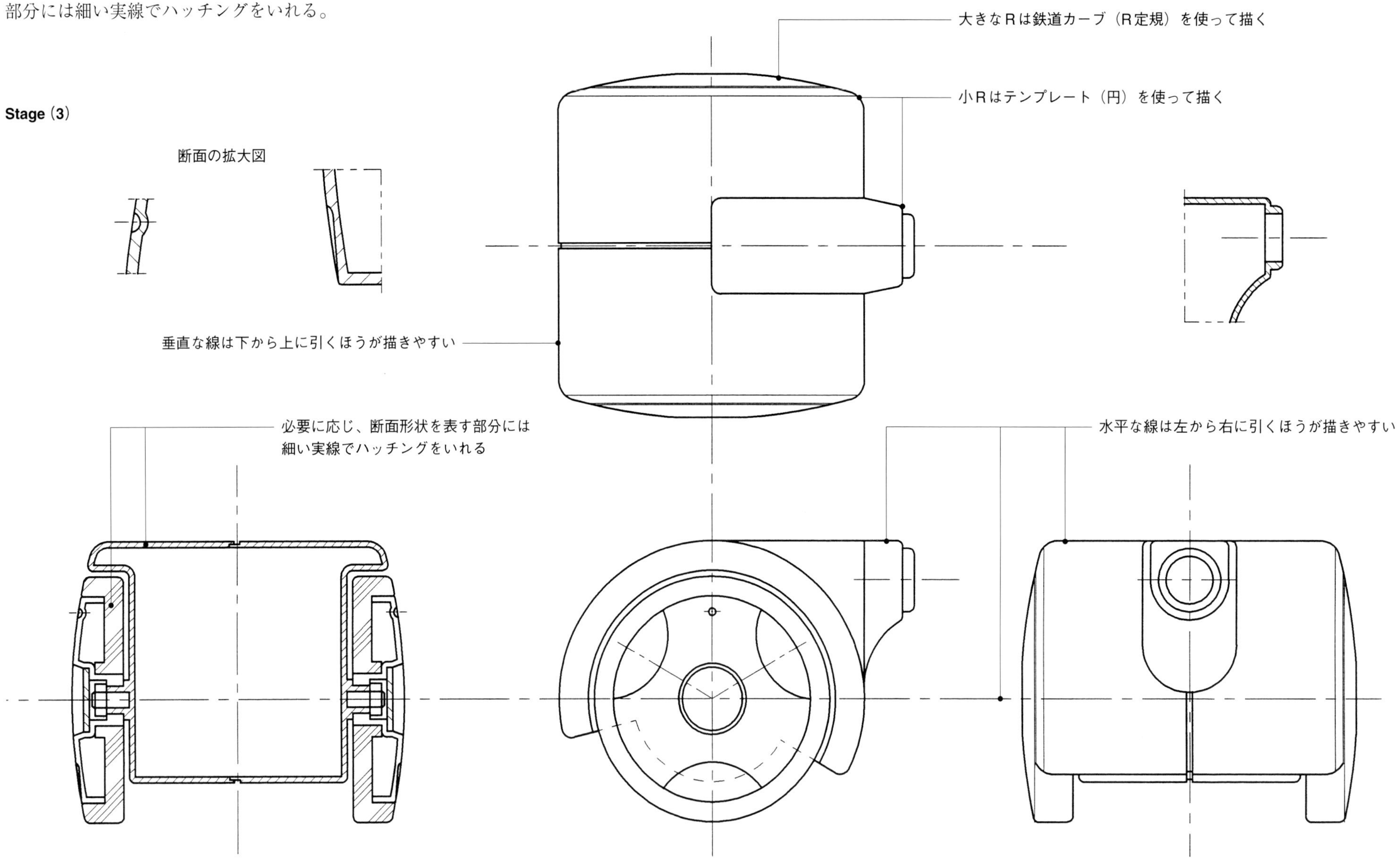

▲ Stage（3）　完成したクリーナー本体の図形。

Stage（4） 寸法補助線、寸法線を細い実線で引き、寸法線
に矢印を付加する。

備考：通常、寸法線、寸法補助線、ハッチングはそれぞれ
0.3mmの太さで描く。

Stage（4）

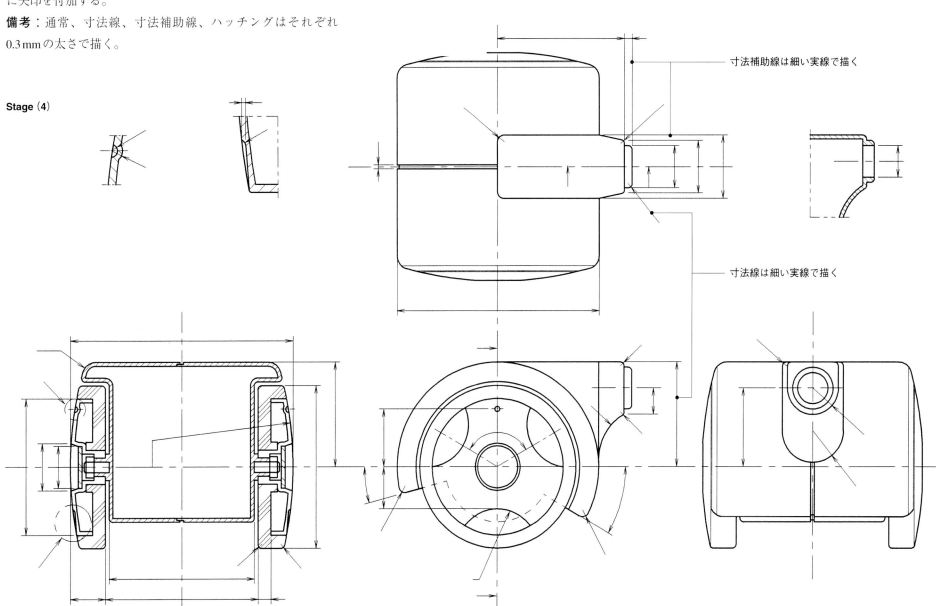

寸法補助線は細い実線で描く

寸法線は細い実線で描く

mmの単位で寸法数字を記入し、クリーナーのデザイン外形図面を完成させる。

備考：表題欄には尺度、品名など必要事項を書き入れる。

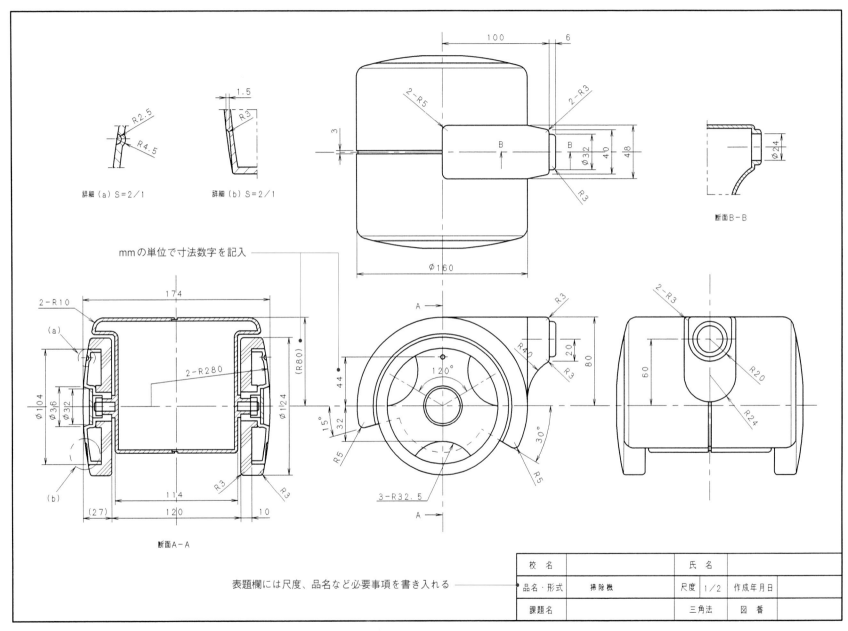

詳細（a）S＝2／1　　詳細（b）S＝2／1

mmの単位で寸法数字を記入

断面B－B

断面A－A

表題欄には尺度、品名など必要事項を書き入れる

校 名		氏 名		
品名・形式	掃除機	尺度 1/2	作成年月日	
課題名		三角法	図 番	

▲ Stage（5）　クリーナーのデザイン外形図面完成。

6 プロダクトデザイン製図の実例

ここでは、プロダクトデザインの最前線におけるドローイングやデザイン製図などの傾向をかいまみることができるようにと、各企業で創出されたデザイン作品を紹介する。

6・A 携帯電話機

デジタルムーバーF501i

富士通株式会社

デザインのポイント：精悍なブラックのアクリルフェイスとシルバーメタリックのコンビネーションにより、知的さと先進感を表現したiモード端末。アクリル素材の特徴を生かしたシンプルでフラットなデザインとし、イヤピース部分には光センサーを内蔵。周囲の明るさに応じて、LCD・キートップ・文字などの操作部全体を裏面から照光する。

デザイン：富士通株式会社　総合デザイン研究所　プロダクトデザイン部

6・A・1 商品写真 ▶
右：トゥインクルパール、左：トゥインクルブラック

6・A・2 レンダリング ▶
CGによる原寸大レンダリング

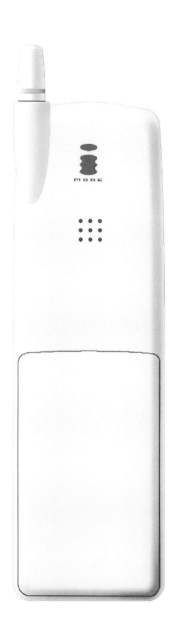

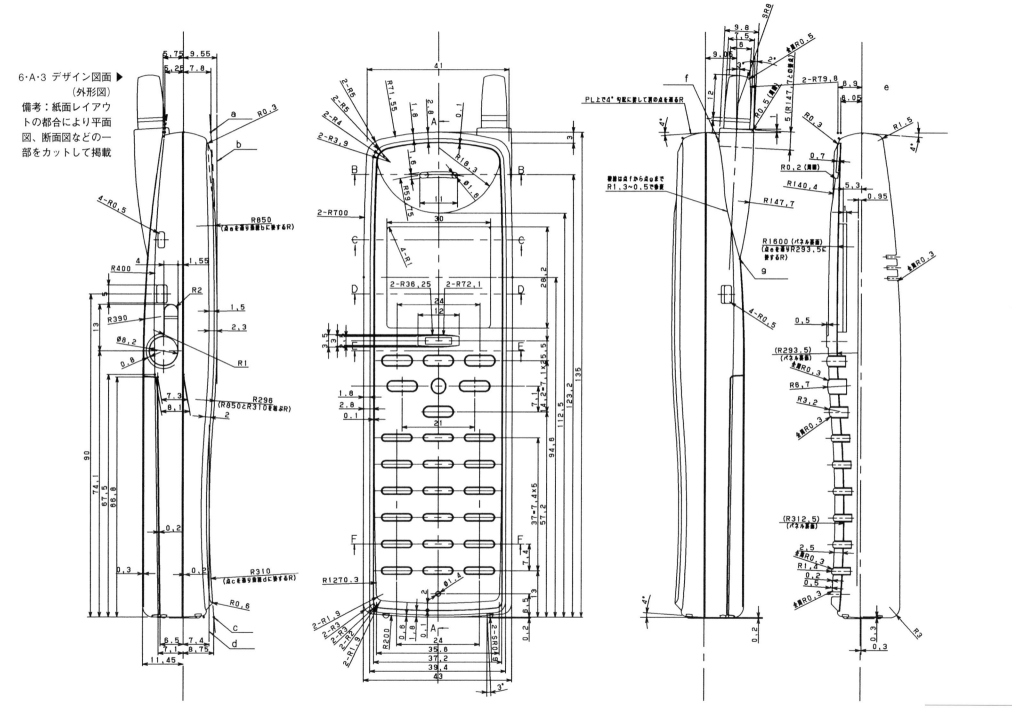

6・A・3 デザイン図面 ▶
（外形図）
備考：紙面レイアウ
トの都合により平面
図、断面図などの一
部をカットして掲載

6·B 薄型ノートパソコン

Pedion TM

三菱電機株式会社

デザインコンセプト：Pedion TMは、快適なパソコン
環境を持ち運べるA4サイズの薄型ノートパソコンで
ある。本体は、適度に丸みのある形状で快適な携帯性
を実現し、パソコン特有の疎外感を感じさせない、清
楚で飽きのこない外観になっている。

また、キーボードとポインティングデバイスを強調す
ることで、ユーザーの操作を誘導するとともに、デジ
タル技術の先進性を表現した。

デザイン：三菱電機株式会社　デザイン研究所　パーソナル情報
　　　　　システム部

6·B·1 商品写真 ▶
薄型ノートパソコン　Pedion TM

6・B・2 レンダリング ▶
CGによる原寸大
レンダリング

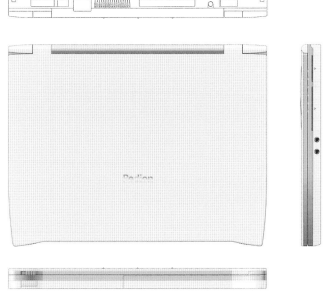

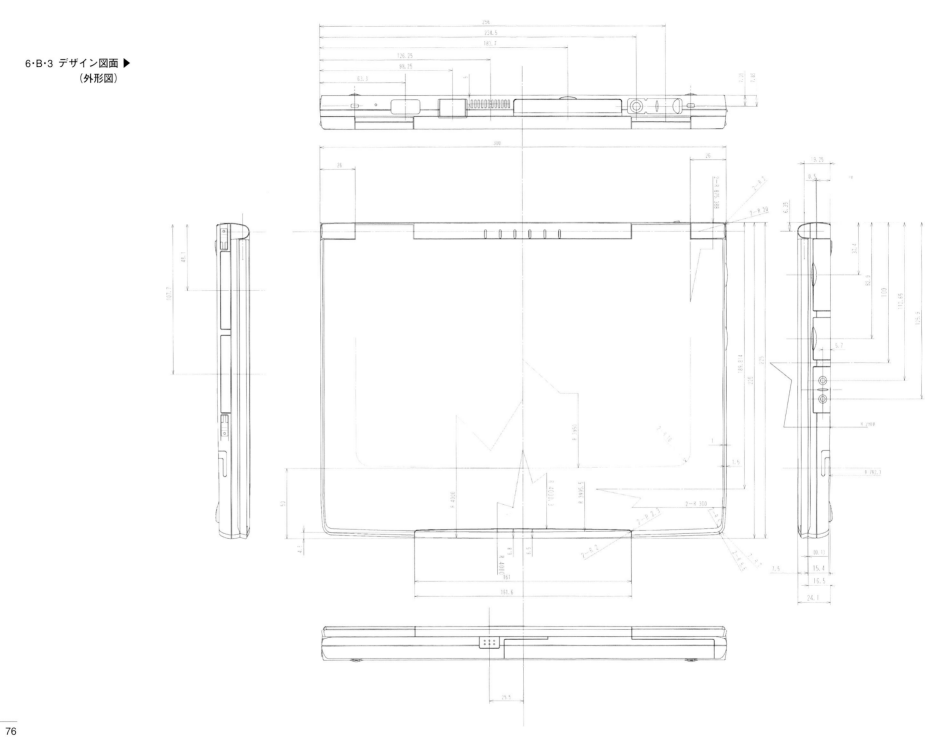

（外形図／断面図／拡大図）▼

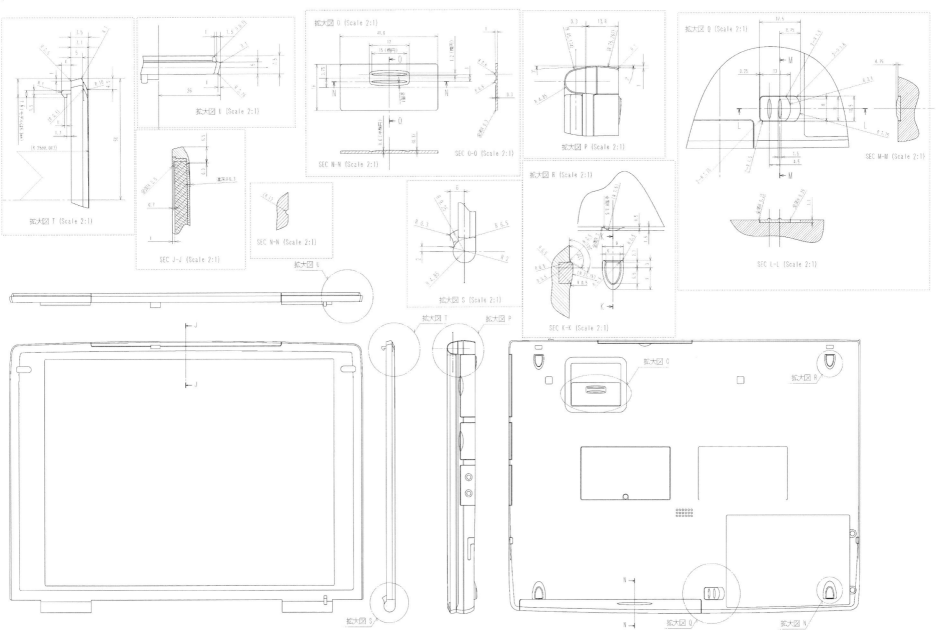

6·C 携帯用無線機

株式会社ケンウッド

商品のポイント：（1）個別呼びだし、グループ呼びだし、一斉呼びだしができるセレコール機能などが付いているため、あらゆるビジネスシーンでコミュニケーションができる携帯用無線機。
（2）小型、軽量をきわめたコンパクトな設計。

デザイン：株式会社ケンウッドデザイン

6·C·1 デザインスケッチ▶
（アイディアスケッチ）

6·C·2 レンダリング▶
CGによる原寸大FINALレンダリング

KENWOOD DESIGN P-2.1K

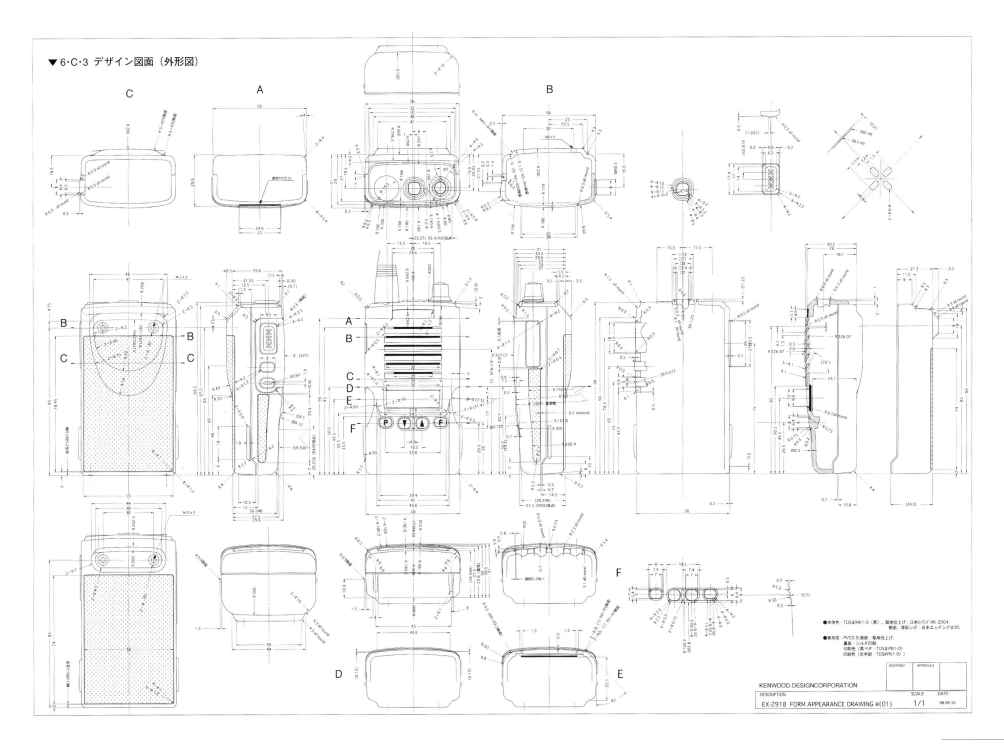

KENWOOD DESIGNCORPORATION

DESCRIPTION			DESIGNED	APPROVED	
EX-2918 FORM APPEARANCE DRAWING #(01)	SCALE 1/1	DATE 98.06.15			

●本体色：TDS#MN1-0（黒）、梨地仕上げ：日本エッチング HN-2004
側面、背面シボ：日本エッチング#95

●表示窓：PVC0.5t表面：梨地仕上げ。
裏面：シルク印刷
印刷色（黒ベタ：TDS#PN1-0）
印刷色（文字部：TDS#PN7-0）

6・D ポータブル CD プレーヤー

DPC-395/DPC-391

株式会社ケンウッド

商品のポイント：(1)メタリックボディーにスケルトン。独創的でクールなデザイン。(2)音飛びを抑える10秒メモリーのスーパー D.A.S.C.搭載。(3)ヘッドホンが交換できる液晶リモコン付属。(4)外部電池ケースを使わずに、連続25時間再生。

デザイン：株式会社ケンウッドデザイン

▼ 6・D・1 レンダリング　CGによる原寸大レンダリング

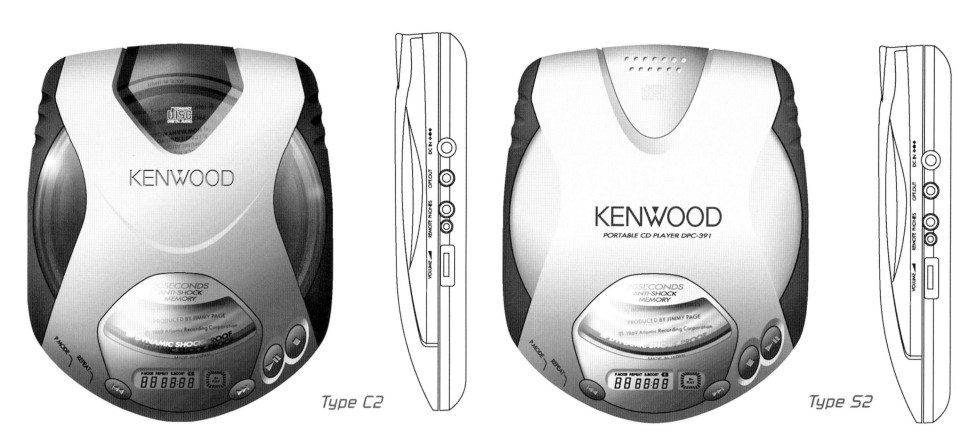

6・D・2　デザイン図面（外形図）▶

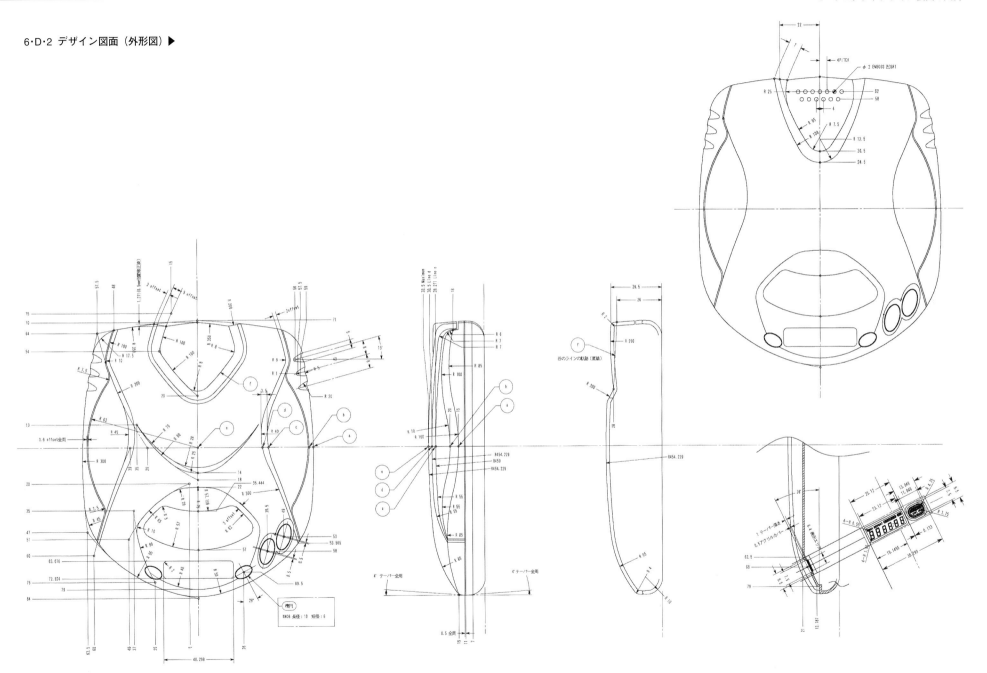

6·E ガラス器

HOYA クリスタル株式会社

デザインのポイント：クリスタルガラスを使って、手吹きによる質の高いデザインを志向する。シンプルな形態のソース・ショウユ差し、粉末調味料サーバー。中身を入れやすく、洗いやすいことがデザインのポイント。

調味料容器は細身、太身で使用者の便を図り、湿気防止が配慮されている。各容器の胴と蓋を同時に指で支えて使用する。

デザイン：HOYA クリスタル株式会社 企画部デザイン課・船越三郎

▼6·E·1 **商品写真** ソース・ショウユ差しと粉末調味料サーバー

▼6・E・2 デザイン図面　ソース・ショウユ差しと粉末調味料サーバー

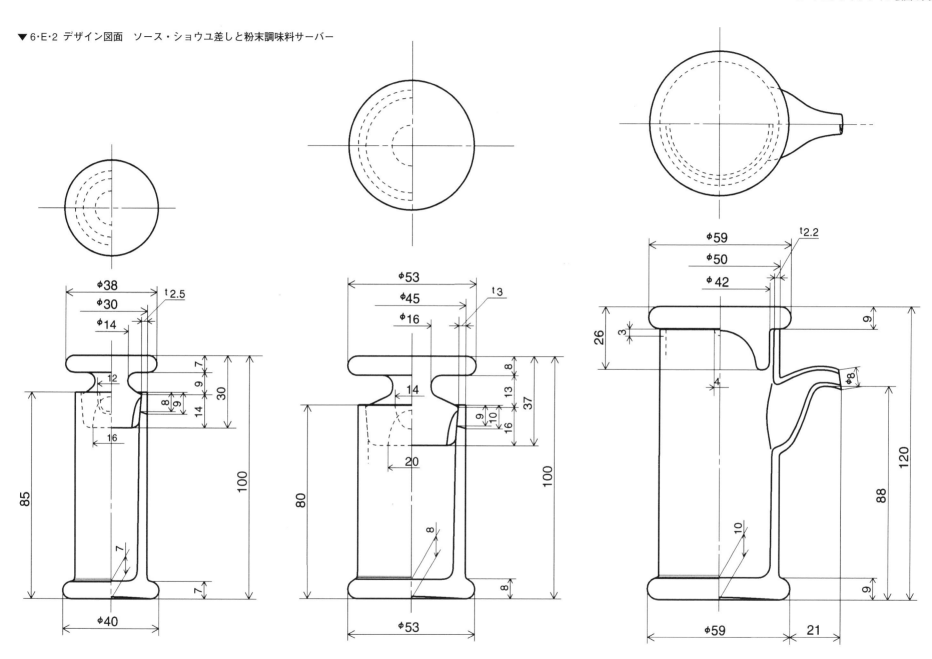

6・F テーブル

スガワラデザイン室

テーブルの仕様：甲板【ウォールナット突板合板、クリアーウレタン塗装、5分ツヤ仕上げ】。面板【ムク材による】。脚【木製（ムク材）2本、金属（直径60.5、黒粉体仕上）2本】。

デザイン：スガワラデザイン室・菅原孝則

6・F・1　デザイン図面 ▶

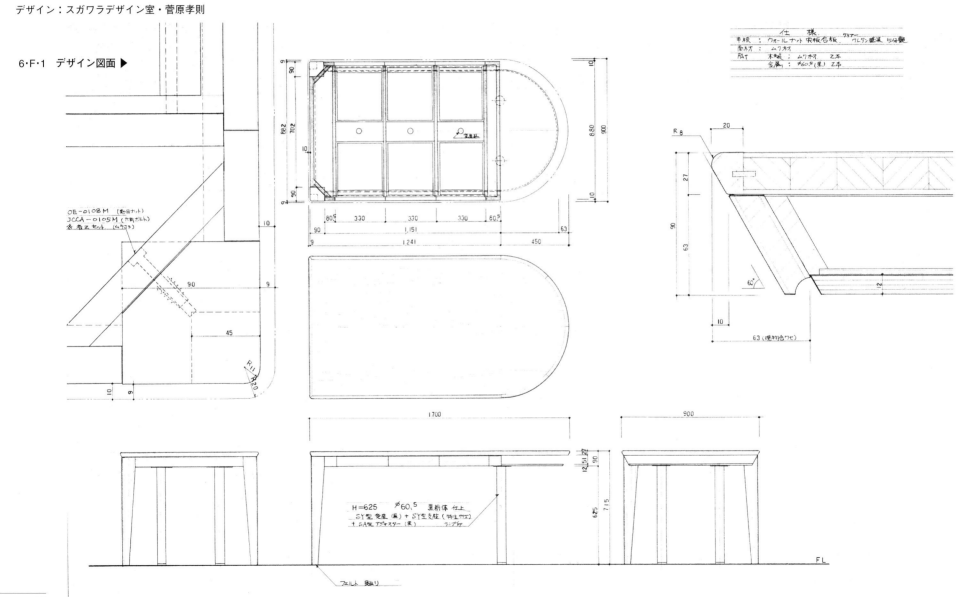

6·G イ ス

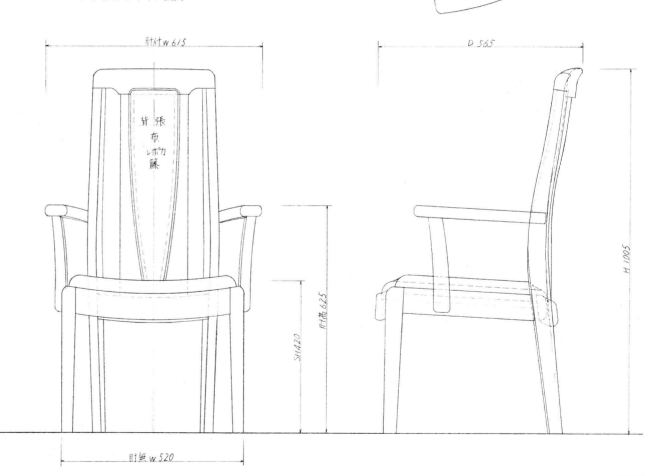

ダイニングチェア

IBATA MODERN

チェアの仕様：主材【ナラ】。塗色【ライトグレイ
張材【ジャガード布（キプロス 8916）】ほか。

デザイン：IBATA MODERN

▼6·G·1 商品写真　肘付ダイニングチェア

▼6·G·2 デザイン図面

6・H 工作機械

CNC精密自動旋盤「S20」

株式会社ツガミ

デザインコンセプト："人にやさしく"工場の環境を美しく保つことをデザイン構築の目標とする。機械上部に円形、プラ化のフルカバーを採用し、駆動時には危険信号を除き、操作系のすべてが機械に内蔵される。全開するカバーが、メンテナンスの安全性をはじめ、作業環境の向上に役立つ。

デザイン：川崎晃義・斉藤靖男・千葉　茂

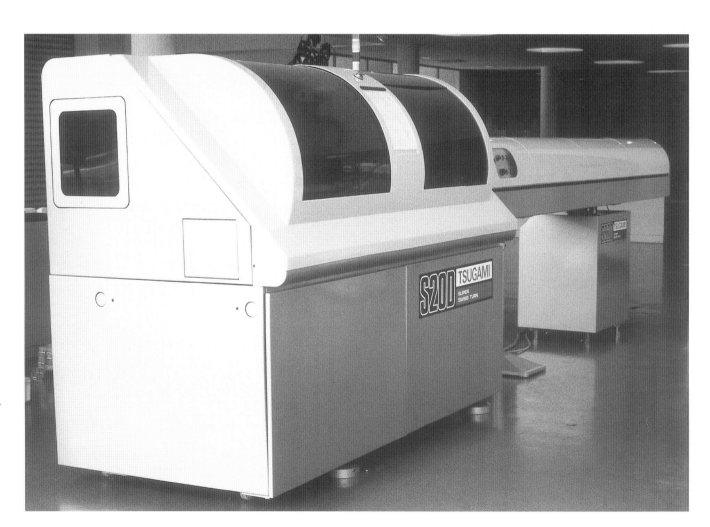

6・H・1　商品写真　CNC精密自動旋盤「S20」▶

▼6·H·2 デザインスケッチ（アイディアスケッチ）

本体のアイディアスケッチ群

カバー部分のアイディアスケッチ

側面・デザイン詳細図

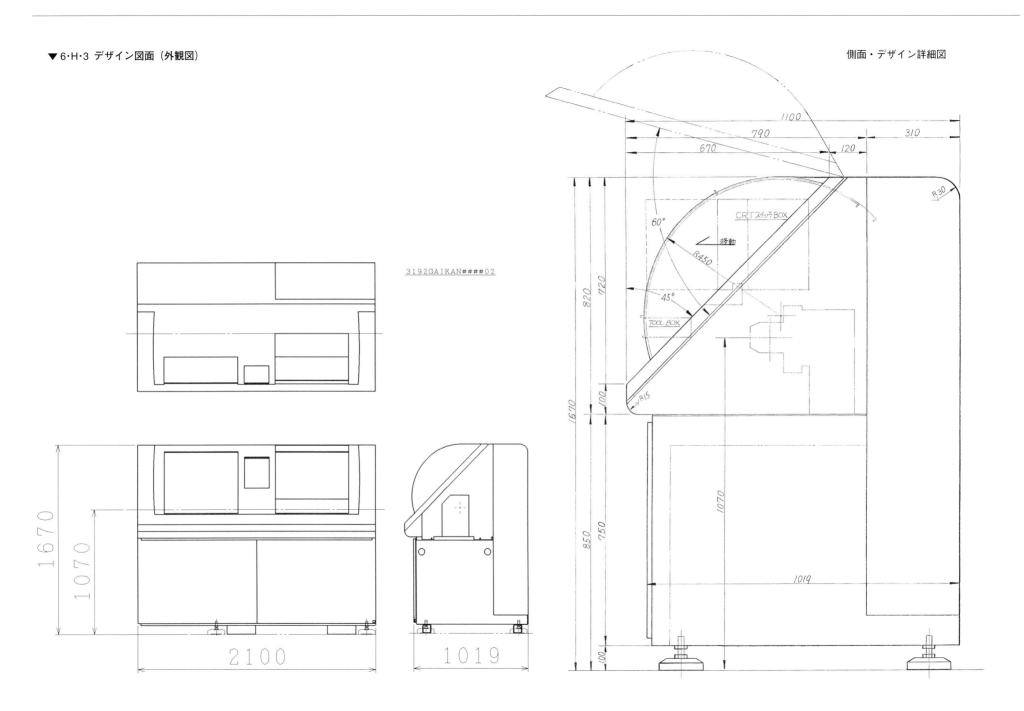

3192GAIKAN####02

▼6・H・4 デザイン図面（外観図）

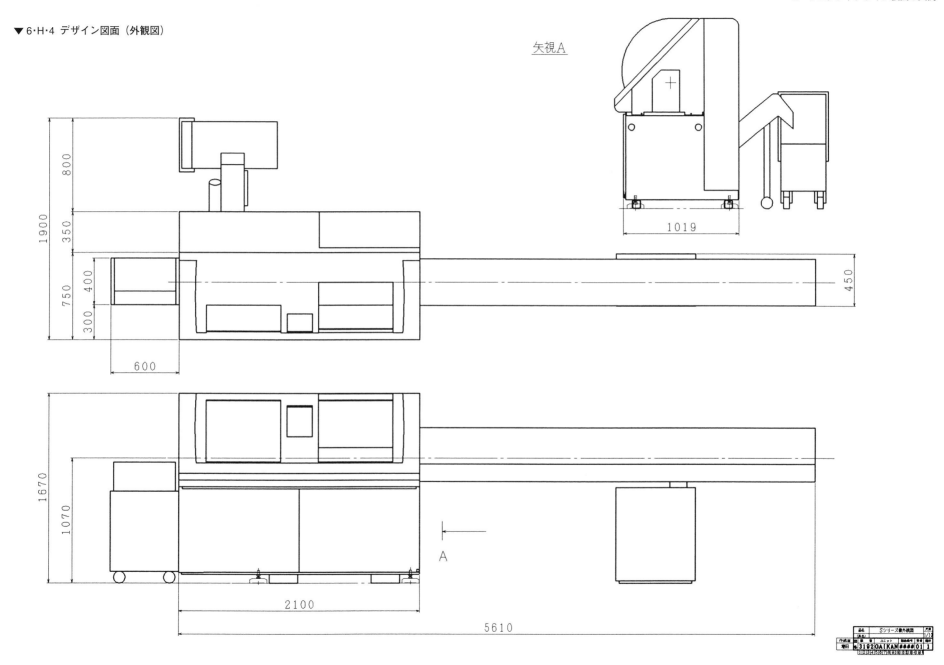

矢視A

6・1 自転車

トランジット T20SCX

ブリジストンサイクル株式会社

商品のポイント：トランジット T20SCX は、カー＆サイクルというテーマのもと、カーライフを楽しんでいる大人を対象にしている。自転車の仕様構成は、軽量と剛性を併せ持つカーボンモノコックフレーム、オイル汚れから解放され、かつメンテナンスフリーを可能にした片持ちシャフトドライブ、コンパクトで扱いやすい小径車輪などからなり、その高性能をシンプルにパッケージングした外観は従来の自転車のイメージを一新した。

デザイン：ブリジストンサイクル株式会社　製品設計部

6・1・1 商品写真　トランジット T20SCX ▶

6・1・2 デザイン図面 ▶
　　　　（外観図）

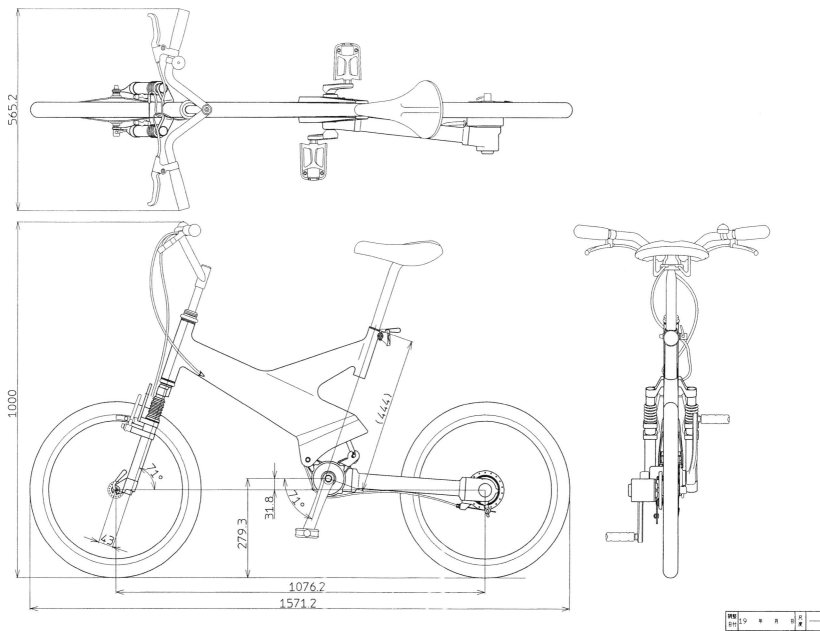

565.2

1000

(444)

71°

71°

31.8

279.3

43

1076.2

1571.2

6·J 水タンク

日本容器工業株式会社

デザインコンセプト：従来の機能本位の水タンクを、環境に調和し、より人にやさしく、人々に"貴重な水"を訴える豊かな表情と存在感のある水タンクの実現を目指す。様々な建築シーンに対応するよう形状、デザインのシリーズ化を狙う。また、機能とメンテの一体化により安全性を高めた。

デザイン：川崎晃義・深澤忠志

▼ 6·J·1 レンダリング grandart MARK 2の設置予想図

◀ 6·J·2 商品写真 grandart MARK 2

92

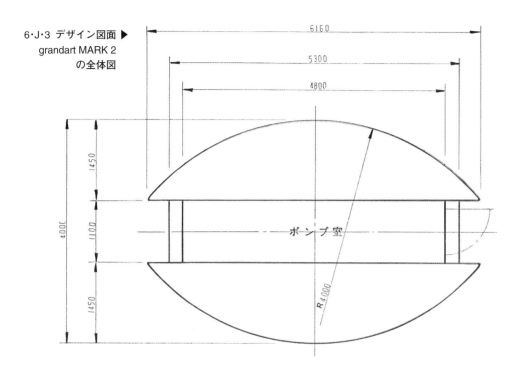

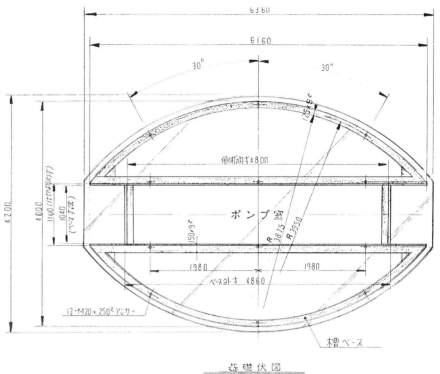

基礎伏図

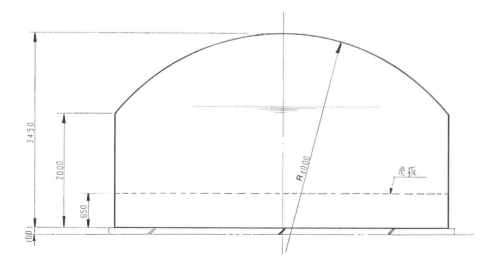

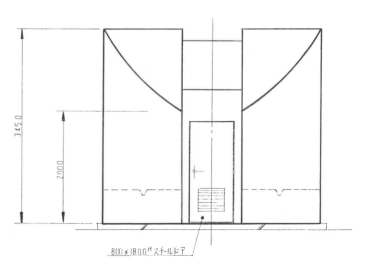

6・J・4 レンダリング grandart MARK 4の設置予想図 ▶

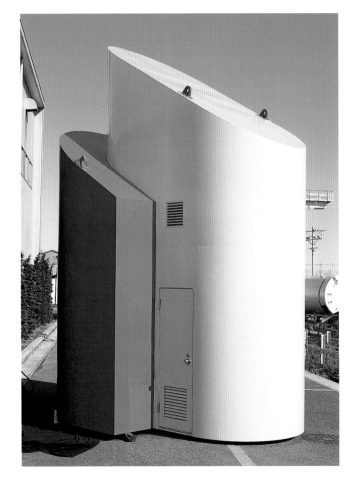

◀ 6・J・5 商品写真 grandart MARK 4

6·J·6 デザイン図面 grandart MARK 4の全体図 ▶

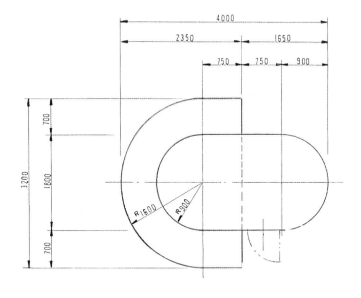

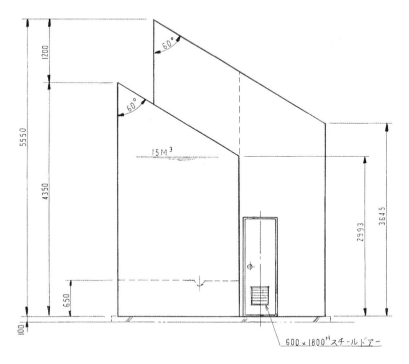

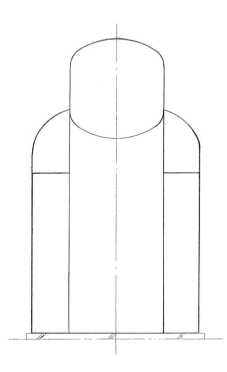

600×1800^Hスチールドアー

6·J·7 レンダリング grandart MARK 6の設置予想図 ▶

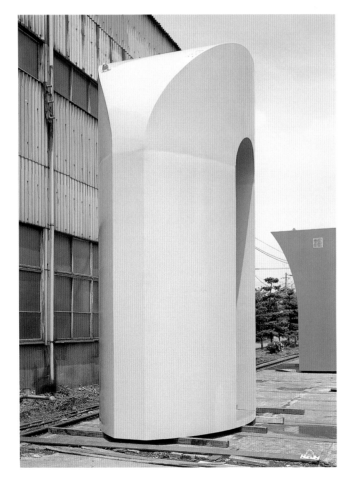

◀ 6·J·8 商品写真 grandart MARK 6

6・J・9 デザイン図面 grandart MARK 6の全体図 ▶

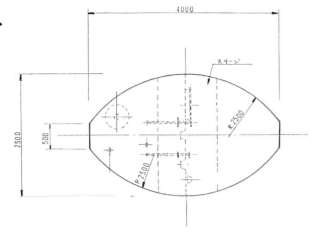

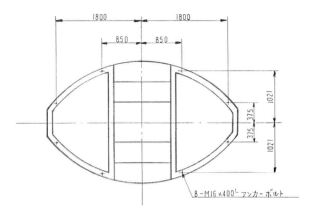

アンカーボルト 位 置 図

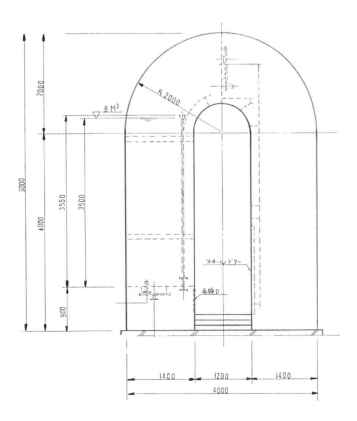

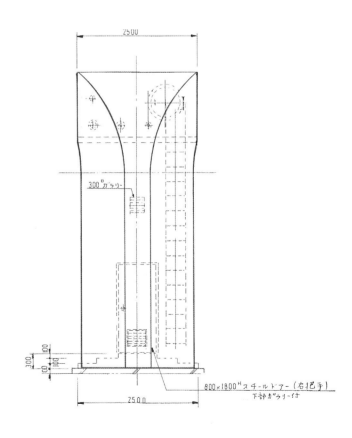

6·J·10 レンダリング grandart MARK 9 の設置予想図 ▶

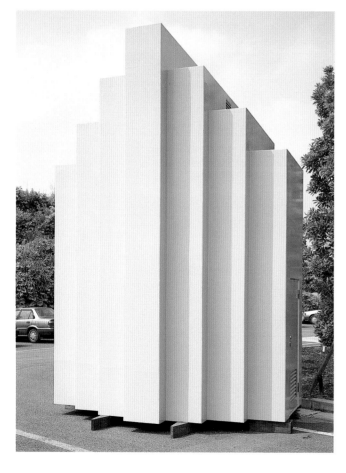

◀ 6·J·11 商品写真 grandart MARK 9

6・J・12 デザイン図面 grandart MARK 9の全体図 ▶

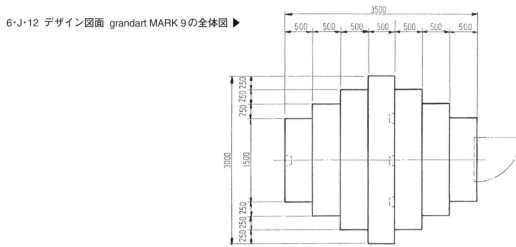

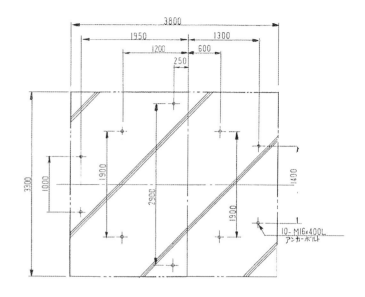

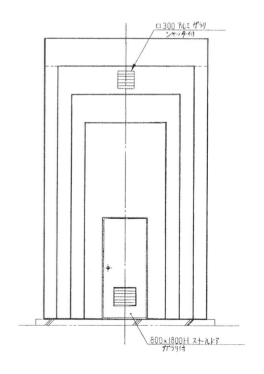

6・K 乗用車

富士重工業株式会社

デザインのポイント：ドライバーズカーとしての走りの愉しさと、乗員すべてがロングドライブを快適に過ごせるグランドツーリングカーとしての理想を目指し、改良と進化を重ねた。特にスペース効率、あらゆる状況下における扱いやすさ、安全性といった機能とクオリティをさらに高めたパッケージングを核に、骨太な存在感、ダイナミックな躍動感といったレガシィ初代から続くアイデンティティを強化、洗練させた。

デザイン：富士重工業株式会社　スバル開発本部　デザイン部

▼6・K・1 モデル写真　図面（量産データ）の確認のためにつくられた樹脂のダミーモデル。量産モデルと形状はまったく同一である。

100

6・K・2 スケッチ ▶
スタイル方向がすでに決まっている段階でのバリエーションスケッチ（LANCASTER 検討）

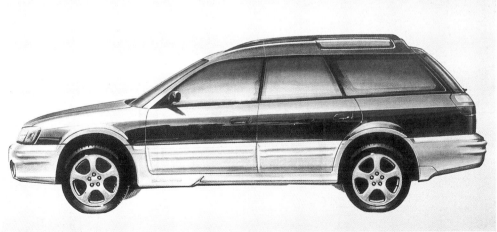

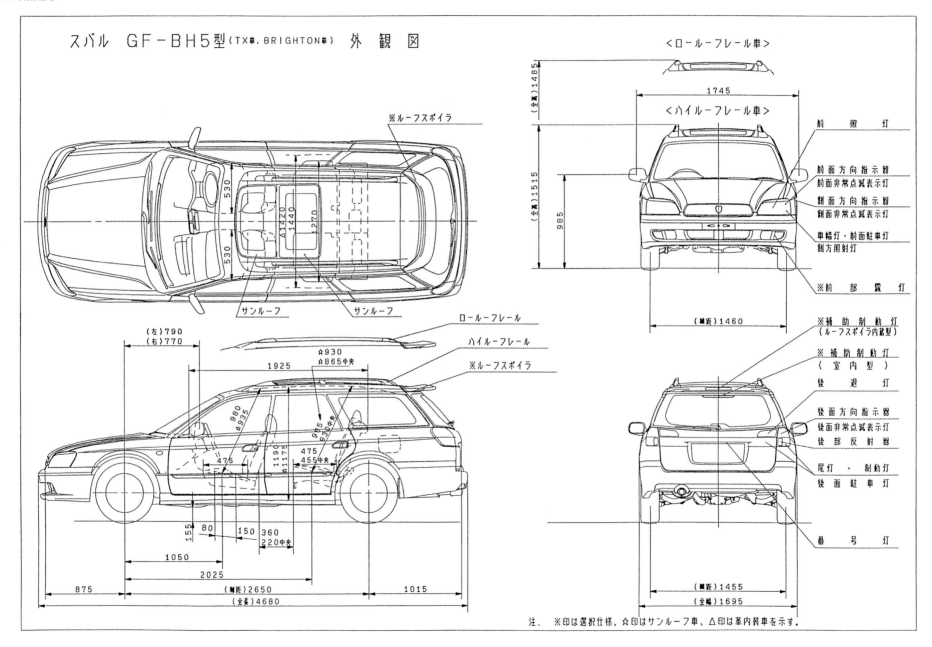

スバル GF-BH5型(TX車.BRIGHTON車) 外観図

※ルーフスポイラ

サンルーフ

サンルーフ

(左)790
(右)770

1925

☆930
☆865中央

980
☆935

985
930☆☆

1190
☆1175

475
455中央

475

155
80
150 360
220中央

1050

2025

875

(軸距)2650

(全長)4680

1015

<ロールーフレール車>

(全高)1485

<ハイルーフレール車>

1745

(全高)1515

985

前 照 灯

前面方向指示器
前面非常点滅表示灯

側面方向指示器
側面非常点滅表示灯

車幅灯・前面駐車灯
側方照射灯

※前 部 霧 灯

(軸距)1460

ロールーフレール

ハイルーフレール

※ルーフスポイラ

※補 助 制 動 灯
(ルーフスポイラ内蔵型)

※補 助 制 動 灯
(室 内 型)

後 退 灯

後面方向指示器
後面非常点滅表示灯
後 部 反 射 器

尾灯・制 動 灯
後面駐車灯

番 号 灯

(軸距)1455
(全幅)1695

注. ※印は選択仕様、☆印はサンルーフ車、△印は革内装車を示す。

6・L 自動車用メーター

HONDA BEAT

本田技研工業株式会社

製品のポイント：軽自動車初のミッドシップオープンであるBEATのインテリアは、バイクのような軽快感と開放感をデザインテーマとし、インパネから独立3眼メーターには、白文字板、ゼロを真下にした目盛りなどスポーツバイクのデザイン要素を取り入れた。さらに中身もバイクのメーターと同じ構造を採用して、オープンならではの防適性を確保している。

デザイン：株式会社本田技術研究所 和光研究所
設計・製造：日本精機株式会社

6・L・1 商品写真 BEAT ▶

メーター ▶

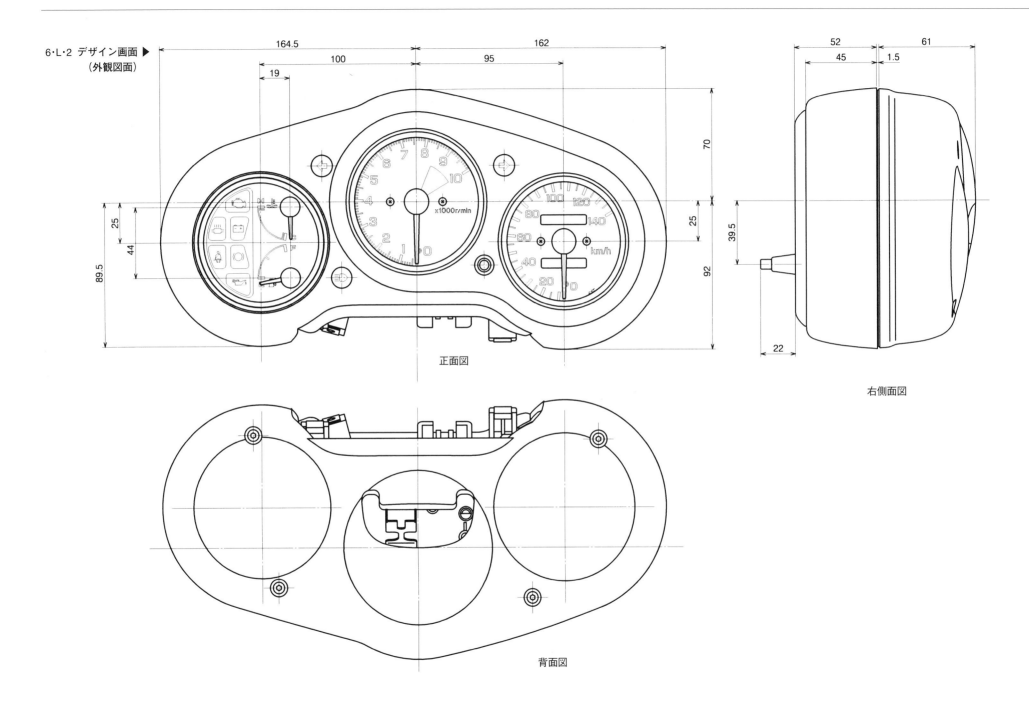

6·L·2 デザイン画面▶
（外観図面）

164.5　162
100　95
19
70
25
25
44
89.5
92

x1000r/min
km/h

正面図

52　61
45　1.5
39.5
22

右側面図

背面図

6・M　バスケット台

移動式バスケット台

セノー株式会社

デザインのポイント：体育館の多目的活用により、格納可能なバスケット台。バスケット板の高さをプロ競技から子供のミニバスケット競技まで変化できる。選手が2人リングにぶら下っても大丈夫で、シンプルな構造のデザイン。走り込んでも選手が本体にぶつからない距離2.6mと、選手に見やすい30秒タイマーなどの配慮がされる。

デザイン：川崎晃義・川崎哲夫・吉岡英好

折畳姿

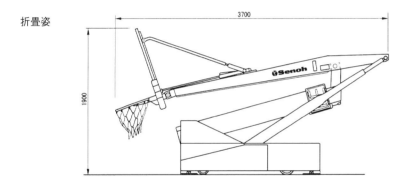

▲ 6・M・1 商品写真　移動式バスケット台

平面図

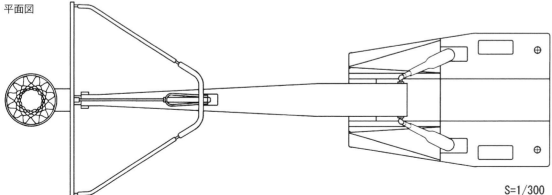

◀ 6・M・2 デザイン図面（**外観図**）

S=1/300

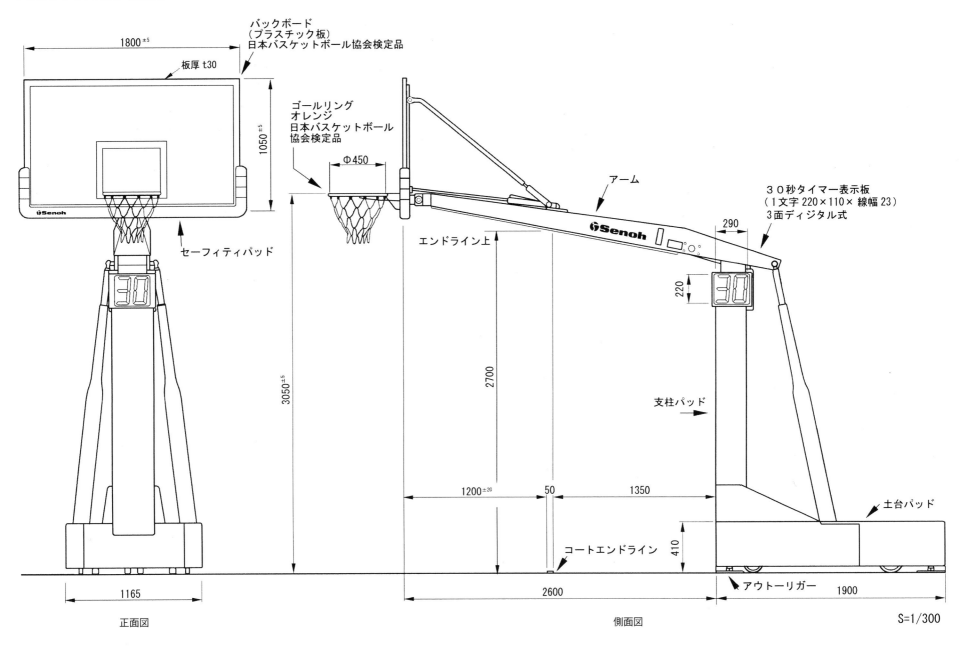

1800 ±5

板厚 t30

バックボード
（プラスチック板）
日本バスケットボール協会検定品

1050 ±5

ゴールリング
オレンジ
日本バスケットボール
協会検定品

Φ450

アーム

３０秒タイマー表示板
（１文字 220×110× 線幅 23 ）
３面ディジタル式

290

セーフィティパッド

エンドライン上

220

2700

支柱パッド

3050 ±5

1200 ±20

50

1350

土台パッド

コートエンドライン

410

1165

2600

アウトーリガー

1900

正面図

側面図

S=1/300

参考文献

1) 網戸通夫ほか：製図・レンダリング。武蔵野美術大学短期大学部通信教育部、1981。

2) 渡辺昭俊：はじめて学ぶ機械製図法。技術評論社、1986。

3) 大西慶憲ほか：デザイン基礎。武蔵野美術大学短期大学部通信教育部、1988。

4) 小町　弘：絵とき機械図面のよみ方・かき方。オーム社、1991。

5) 横溝健志ほか編：プロダクトデザイン。武蔵野美術大学短期大学部通信教育部、1992。

6) 鴨志田厚子　監修：INDUSTRIAL DESIGN WORKSHOP 1。メイセイ出版、1993。

7) 長島純之、佐野邦雄　監修：INDUSTRIAL DESIGN WORKSHOP 2。メイセイ出版、1994。

8) 清水吉治：マーカーによるデザインスケッチ。グラフィック社、1995。

9) Oliver Striegel 著；清水吉治　監修：ディメンショナル・スケッチ。グラフィック社、1995。

10) 森谷延周：家具デザインと製図。山海堂、1996。

11) 坂井良種、塚原正一：インテリア・ドローイングテクニック。明現社、1996。

12) 清水吉治：スケッチによる造形の展開。日本出版サービス、1998。

13) 大西　清：JISにもとづく標準製図法。理工学社、1995（第1版1952）。

14) 大西　清：JISにもとづく機械製作図集。理工学社、1985。

15) 大西　清：機械設計製図便覧。理工学社、1955。

16) 文部省著作教科書：工芸製図（基礎編）。実教出版、1979。

17) 文部省著作教科書：工芸製図（応用編）。実教出版、1979。

18) 文部省著作教科書：デザイン製図。コロナ社、1998。

19) 熊谷信男ほか：機械製図の基礎と演習。共立出版、1983。

20) 広田長治郎、堤　浪夫：デザイン製図。鳳山社、1973。

21) 井ノ口　誼：ソリッド・プロダクト。美術出版社、1968。

22) 定松修三、定松潤子：デザイン表示の図法と作図。オーム社、1995。

23) 小山清男、面出和子：造形の図学。日本出版サービス、1982。

24) JISハンドブック5　機械要素。日本規格協会、1999。

25) JIS B 0001 : 1985　　機械製図。日本規格協会、1995 確認。

26) JIS B 0002-1 : 1998　製図——ねじ及びねじ部品——第1部：通則。日本規格協会、1998。

27) JIS B 0002-2 : 1998　製図——ねじ及びねじ部品——第2部：ねじインサート。日本規格協会、1998。

28) JIS B 0002-3 : 1998　製図——ねじ及びねじ部品——第3部：簡略図示方法。日本規格協会、1998。

29) JIS B 0003 : 1989　　歯車製図。日本規格協会、1989。

30) JIS B 0004 : 1995　　ばね製図。日本規格協会、1995。

31) JIS Z 8311 : 1998　　製図用紙のサイズ及び図面の様式。日本規格協会、1998。

32) JIS Z 8312 : 1999　　表示の一般原則——線の基本原則。日本規格協会、1999。

33) JIS Z 8313-0 : 1998　製図——文字——第0部：通則。日本規格協会、1998。

34) JIS Z 8313-1 : 1998　製図——文字——第1部：ローマ字、数字及び記号。日本規格協会、1998。

35) JIS Z 8315-2 : 1999　製図——投影法——第2部：正投影法。日本規格協会、1999。

36) JIS Z 8316 : 1999　　製図——図形の表し方の原則。日本規格協会、1999。

37) JIS Z 8317 : 1999　　製図——寸法記入方法——一般原則、定義、記入方法及び特殊な指示方法。日本規格協会、1999。

あとがき

　わかりやすい解説をキーワードに、この本の企画に入った。

　"まえがき"でも述べたように、製図法の原則や規則をただ単に図学的、論理的に理路整然と解説しただけの本では、学ぶ楽しさが消えてしまい、「製図に興味がもてない」につながっていくことになりかねない。

　そこで、見て学べるように、なるべく製図法の原則や規則にかかわる文書記述は少なくし、そのぶんデザイン製図作例と製図実例の記載を多くした。

　デザイン製図の作例欄では、デザインの展開からレンダリングを経てデザイン外形図面完成までのプロセスを細かく、段階的に解説したり、デザイン製図の実例欄では、デザイン最前線のスケッチやデザイン図面を紹介するなど、できるだけわかりやすい図解を心がけたつもりである。

　本書を出版するにあたって、多大のご助力を賜った方々や各企業に対し、深く感謝する次第である。

　特に、作図にご協力いただいた株式会社ディーンの安藤実氏、日本精機株式会社デザイン室の大久保修氏・五十嵐均氏、作品の提供にご協力いただいた阿佐ケ谷美術専門学校デザイン科長の藤川征輝氏、製図用具、画材のご協力をいただいた株式会社トゥールズ、遅い脱稿を辛抱強く待ってくれた株式会社日本出版サービスの方々にはあらためて謝意を表したい。

2000年1月　著者一同

協力企業（敬称略、順不同）

富士通株式会社	株式会社ツガミ
三菱電機株式会社	日本容器工業株式会社
株式会社ケンウッド	セノー株式会社
タグ・インターナショナル株式会社	保谷クリスタル株式会社
富士重工業株式会社	スガワラデザイン室
本田技研工業株式会社	IBATA MODERN 株式会社
株式会社本田技術研究所　和光研究所	株式会社ディーン
日本精機株式会社	株式会社トゥールズ
ブリジストンサイクル株式会社	武藤工業株式会社

著者紹介

清水　吉治（しみず　よしはる）

1934年長野県生。1959年金沢美術工芸大学産業美術学科工業デザイン専攻卒業。㈱富士通ゼネラルデザイン部などを経て、フィンランドの Studio Nurmesniemi および美術工芸大学留学。

国際協力事業団（JICA）、岩手大学教育学部、東京工芸大学、多摩美術大学、拓殖大学工学部、神戸芸術工科大学などの講師を歴任。元長岡造形大学教授。

現在：東京芸術大学、金沢美術工芸大学、日本大学芸術学部、武蔵野美術大学ほかの非常勤・特別講師。北京理工大学、廣東工業大学、瀋陽航空工業大学などの客員教授。

業績・著書：1959年毎日工業デザインコンペスポンサー賞（共）。1987年特許庁（財）発明協会東京支部長賞。1988年中華民国対外貿易発展協会工業デザイン貢献状。1997年全国伝統的工芸品展中小企業庁長官賞（共）。通産省Gマーク選定品他。「工業デザイン全集　第4巻　デザイン技法」（共）日本出版サービス。「マーカーテクニック」グラフィック社。「マーカーによるデザインスケッチ」グラフィック社。「スケッチによる造形の展開」日本出版サービス他。

所属学会・団体：㈳日本インダストリアルデザイナー協会名誉会員、㈳SADECO会員。

川崎　晃義（かわさき　てるよし）

1939年北海道妹背牛町生。1961年多摩美術大学美術学部立体図案科卒業。

㈱津上製作所入社、技術部意匠設計係（ツガミデザイン室）を経て、1970年に川崎機械デザイン事務所を設立する。デザイン事務所所長として今日に至る。

現在：長岡造形大学名誉教授。埼玉県技術アドバイザー。上越市研究開発等支援融資委員会委員長。

業績：1961年毎日工業新聞デザインコンクール入賞（共）。1964年毎日工業新聞デザインコンクール特選二席入賞（共）。1971年日刊工業新聞第1回「機械工業デザイン賞」に㈱ミツトヨ（内径測定機）通産大臣賞（共）。1985年の通産省Gマーク選定に黒田精工㈱超小型空圧機器など34点入賞。1990年教育映画祭に「生活を豊かにするデザイン」文部省特選入賞（共）。1993年10基の「水タンクデザイン」日本容器工業㈱完成。1995年日刊工業新聞「機械工業デザイン賞」に日本工作機械工業会賞。㈱ツガミ（精密自動旋盤：S20）

所属学会・団体：㈳日本インダストリアルデザイナー協会会員、㈳日本デザイン学会会員、㈳埼玉デザイン協議会役員、ハンド101ものずくり教育協議会会員、他。

プロダクトデザインのための製図　　　定価はカバーに表示

2000 年 3 月 1 日　初版第 1 刷
2018 年 2 月 20 日　　　第 8 刷

著　者　清　水　吉　治

　　　　川　崎　晃　義

発行者　朝　倉　誠　造

発行所　株式会社　朝　倉　書　店

東京都新宿区新小川町6-29
郵 便 番 号　　162-8707
電　話　03（3260）0141
FAX　03（3260）0180
https://www.asakura.co.jp

〈検印省略〉

ⓒ 2000 〈無断複写・転載を禁ず〉　　　　印刷・製本　倉敷印刷

ISBN 978-4-254-20181-9　C 3050　　　　Printed in Japan

本書は株式会社日本出版サービスより出版された
同名書籍を再出版したものです.

JCOPY 〈出版者著作権管理機構 委託出版物〉

本書の無断複写は著作権法上での例外を除き禁じられています. 複写される場合は,
そのつど事前に, 出版者著作権管理機構（電話 03-5244-5088, FAX 03-5244-5089,
e-mail: info@jcopy.or.jp）の許諾を得てください.